"十五五"高等教育课程改革新形态教材

仪器分析实验

主　编　张盼良

副主编　李立军　孙碧珠

参　编　张　康　黄鹏飞
　　　　谢　军　朱亚飞

特配电子资源

配套资料
拓展阅读
交流互动

南京大学出版社

内容提要

全书共分十章,包括绪论、红外吸收光谱分析实验、紫外-可见吸收光谱分析实验、荧光分光光度法分析实验、原子吸收光谱分析实验、气相色谱分析实验、高效液相色谱分析实验、电化学分析实验、其他仪器分析实验和常用大型分析仪器操作规程及日常维护等主要内容。全书涵盖了教育部本科教学指导委员会对仪器分析实验课程的仪器配置基本要求,包括全部必配仪器和部分选配仪器。对实验教学内容、方法、手段及实验教学模式等进行了优化,内容较精简、实用,力争体现应用型人才培养的需求。

本书可作为高等学校化工类和应用化学专业仪器分析实验教材,也可供相关专业人员选用和参考。

图书在版编目(CIP)数据

仪器分析实验 / 张盼良主编. —— 南京:南京大学出版社,2025.5
ISBN 978-7-305-26672-0

Ⅰ.①仪… Ⅱ.①张… Ⅲ.①仪器分析-实验-高等学校-教材 Ⅳ.①O657-33

中国国家版本馆 CIP 数据核字(2023)第 029503 号

出版发行　南京大学出版社
社　　址　南京市汉口路 22 号　　邮　编　210093
书　　名　仪器分析实验
　　　　　　YIQI FENXI SHIYAN
主　　编　张盼良
责任编辑　刘　飞　　　　　　编辑热线　025-83592146
照　　排　南京南琳图文制作有限公司
印　　刷　南京凯德印刷有限公司
开　　本　787 mm×1092 mm　1/16　印张 11.5　字数 242 千
版　　次　2025 年 5 月第 1 版　2025 年 5 月第 1 次印刷
ISBN 978-7-305-26672-0
定　　价　42.00 元

网　址:http://www.njupco.com
官方微博:http://weibo.com/njupco
微信服务号:NJUYUNSHU
销售咨询热线:(025) 83594756

* 版权所有,侵权必究
* 凡购买南大版图书,如有印装质量问题,请与所购
　图书销售部门联系调换

前言

仪器分析作为一类以各种专用仪器为主要手段的分析方法，正日益广泛地应用于科研、生产、国防、刑侦、医疗等领域，以获取物质的化学组成、化学结构以及微区内时间或空间分布状态等重要信息。仪器分析课程是高等学校化学、化工、环境、医药等相关专业的重要课程之一。本书是为配合仪器分析课程而编写的实验教材。仪器分析课程实践性很强，实验课在教学过程中占有非常重要的地位，通过实验能更加深入理解课堂上所学仪器分析方法的基本原理，掌握相关的实验基础知识和基本实验技能，并对常用分析仪器的基本结构、特点、维护和应用等有更直观和全面的了解，为学生今后的学习和工作等打下坚实的基础。

本书编列了几类常见的仪器分析方法和部分综合型分析方法，并设置了若干典型的实验。本书共十章，主要内容包括：绪论、红外吸收光谱分析实验、紫外-可见吸收光谱分析实验、荧光分光光度法分析实验、原子吸收光谱分析实验、气相色谱分析实验、高效液相色谱分析实验、电化学分析实验、其他仪器分析实验和常用大型分析仪器操作规程及日常维护等。

鉴于仪器分析的课堂讲授与实验进度往往不能同步，本书在编写时，于各章开头均扼要介绍该类分析方法的基本原理、特点、基本仪器结构和仪器操作等，并于每一实验前再阐明有关实验的要领和具体细节，以便读者通过预习,对实验内容有比较清晰的了解,以期取得良好的实验效果。全书涵盖了教育部本科教学指导委员会对《仪器分析实验》的仪器配置基本要求,包括全部必配仪器和部分选配仪器。对实验教学内容、方法、手段及实验教学模式等进行了优化,内容较精简、实用,力争体现应用型人才培养的需求。全书广泛参照国家标准,使用法定计量单位,使用《分析化学术语》(GB/T 14666—2003,2025 年 8 月 1 日起实施最新标准 GB/T 14666—2025)推荐的分析化学术语和符号。本教材由张盼良主编,其负责统稿和第 1 章编写,第 2 章和第 10 章由孙碧珠编写,第 3 章和第 9 章由张康编写,第 4 章由谢军编写,第 5 章由李立军编写,第 6 章和第 7 章由黄鹏飞编写,第 8 章由朱亚飞编写。由于作者水平有限,不尽如人意甚至错漏之处在所难免,敬请同行和广大读者在使用本书时能提出宝贵意见,不胜感谢!

编　者

2025 年 5 月于湖南理工学院

目　录

第1章　绪　论 ··· 1
 1.1　仪器分析实验的目的和要求 ··· 2
 1.2　分析试样的采集和预处理 ··· 3
 1.3　分析结果的报告 ··· 3
 1.4　仪器分析实验室的基础知识 ·· 12

第2章　红外吸收光谱分析实验 ·· 19
 2.1　基本原理 ·· 20
 2.2　仪器结构 ·· 22
 2.3　苯甲酸的红外光谱测定 ·· 24
 2.4　丙三醇的红外光谱测定 ·· 29
 2.5　傅里叶变换红外光谱仪性能测试 ······································ 32

第3章　紫外-可见吸收光谱分析实验 ··· 39
 3.1　基本原理 ·· 40
 3.2　仪器结构 ·· 40
 3.3　紫外-可见吸收光谱测定溶液中铁离子的含量 ··························· 40
 3.4　溶剂效应对紫外-可见吸收光谱的影响 ·································· 43
 3.5　分光光度法对铝增敏剂的选择 ·· 46

第4章　荧光分光光度法分析实验 ·· 49
 4.1　基本原理 ·· 50
 4.2　仪器结构 ·· 51
 4.3　荧光光谱法测定维生素药片中维生素 B_2 的含量 ······················ 52

4.4 荧光光谱法测定吲哚菁绿的含量 55
    4.5 荧光光谱法测定水环境样品中苯酚的含量 57

第 5 章 原子吸收光谱分析实验 61
    5.1 基本原理 62
    5.2 仪器结构 63
    5.3 原子吸收光谱法测定矿泉水中钙的含量 64
    5.4 原子吸收光谱法测定催化剂中铁的含量 67
    5.5 原子吸收光谱法测定分子筛中硅铝比 70

第 6 章 气相色谱分析实验 73
    6.1 基本原理 74
    6.2 仪器结构 75
    6.3 气相色谱法分离乙醇和正丁醇的条件优化及其含量测定 77
    6.4 气相色谱法测定白酒中甲醇的含量 79
    6.5 气相色谱法分离丁醇异构体及测定其含量 82

第 7 章 高效液相色谱分析实验 87
    7.1 基本原理 88
    7.2 高效液相色谱仪的结构 88
    7.3 高效液相色谱法测定饮料中的糖精钠、苯甲酸和山梨酸 90
    7.4 高效液相色谱法测定蔬菜中邻苯二甲酸二丁酯的残留 93
    7.5 高效液相色谱法测定药物中阿莫西林的含量 96
    7.6 凝胶渗透色谱测定聚乳酸分子量及其分布 98
    7.7 凝胶渗透色谱定量分析聚苯乙烯同系物的含量 101

第 8 章 电化学分析实验 105
    8.1 基本原理 106
    8.2 仪器结构 106
    8.3 乙酸电位滴定分析及其解离常数的测定 108
    8.4 $K_2Cr_2O_7$ 电位滴定法测定亚铁离子 110
    8.5 采用氟离子选择性电极测定水中微量氟离子 111
    8.6 循环伏安法测定铁氰化钾的电极反应过程 114

第 9 章　其他仪器分析实验 ··· 117
9.1　差示扫描量热仪测定聚合物玻璃化转变温度和熔点 ·················· 118
9.2　X 射线衍射分析仪对单晶硅的物相分析 ······························· 120
9.3　ZSM-5 分子筛的比表面及孔径分析 ···································· 124
9.4　气相色谱-质谱联用分析矿物盐中二甲砜和二甲亚砜 ················· 126
9.5　通过核磁共振氢谱(^{1}HNMR)测定有机化合物结构 ················· 129

第 10 章　常用大型分析仪器操作规程及日常维护 ······················· 133
10.1　Thermo Nicolet Avatar 370 傅里叶变换红外光谱仪操作规程及日常维护 ··· 134
10.2　岛津 UV-2600 紫外-可见分光光度计操作规程及日常维护 ········· 135
10.3　日立 F-7000 荧光分光光度计操作规程及日常维护 ················· 138
10.4　岛津 AA-6880 型火焰法原子吸收光谱仪操作规程及日常维护 ····· 141
10.5　岛津 GFA-6880 石墨炉法原子吸收光谱仪操作规程及日常维护 ··· 144
10.6　岛津 GC-2030 气相色谱仪操作规程及日常维护 ···················· 148
10.7　Agilent 1260 高效液相色谱仪操作规程及日常维护 ················· 151
10.8　Waters 1515-2414 凝胶渗透色谱仪操作规程及日常维护 ········· 154
10.9　ASAP-2020 HD88 比表面及孔径物理吸附仪操作规程及日常维护 ··· 157
10.10　理学 Ultima Ⅳ X-射线衍射仪操作规程及日常维护 ··············· 158
10.11　岛津 GCMS-QP2020NX 气质联用仪操作规程及日常维护 ········ 161
10.12　布鲁克海文 90Plus PALS Zeta 电位及粒度分析仪操作规程及日常维护 ··· 164
10.13　蔡司 Sigma 300 场发射扫描电镜操作规程及日常维护 ············ 168
10.14　Bruker Advance Ⅲ（400 MHz）核磁共振波谱仪操作规程及日常维护 ··· 170
10.15　耐驰 DSC214 差示扫描量热仪操作规程及日常维护 ··············· 172

参考文献 ··· 175

第 1 章
绪 论

1.1 仪器分析实验的目的和要求

仪器分析是以各种专用仪器为主要手段,通过测量物质的物理性质或化学性质来获取物质的化学组成、含量、结构以及微区内时间或空间分布状态等重要信息的一类分析方法。经过多年的发展,仪器分析已被广泛应用于科研、生产、国防、刑侦、医疗等众多领域。仪器分析课程是高等学校化学、化工、环境、医药等相关专业的重要课程之一。仪器分析课程是一门实践性很强的课程,想要学好该课程,必须经过严格的实验训练及实践操作训练。

学生通过实验知识的学习和实验过程的操作,可更加深入理解课堂上所学的仪器分析方法的基本原理,并对常用分析仪器的基本结构、特点、维护和应用等有更直观和全面的了解。同时,掌握相关的实验基础知识和基本实验技能,包括方案设计、实验操作、设备维护、数据处理、数据分析及结果表述等,可为学生今后的学习和工作打下坚实的基础。

仪器分析实验与其他实验课程有相同之处,但也有其自身的特点。其中最典型的特点是实验需要各种大型、精密分析仪器。这些仪器一般都比较贵重、稀缺,实验室所能配置的套数很少,有时甚至只能是单套设备。同时,为了满足实验训练的需求,需要采用分组和轮转的方式,课程讲授和实验操作通常无法同步。为了获得更好的学习效果,达到课程培养目标,对本课程学习提出以下基本要求。

(1) 实验前要有计划,做好充分的准备。认真预习实验内容,明确实验的目的、基本原理、实验方法与步骤。要详细阅读仪器使用说明书和操作规程,确保安全、正确地操作仪器设备,整个实验过程能有条不紊、紧张有序地进行。

(2) 实验进行中严守操作规程,所用的仪器、试剂要合理有序地取用,保持实验台面清洁整齐。全部工作结束后,所用仪器、试剂、工具等都要放回原处。

(3) 实验操作过程中要培养精细观察实验现象,准确、及时、如实记录实验数据的科学工作作风。数据要记录在专用的记录本上,记录要严格按照相关要求,及时、真实、齐全、整洁、规范。

(4) 注意卫生,规范穿着实验服。实验前后要勤洗手,以免因手脏而污染试剂、样品和仪器,引入误差;或将有害物质带出实验室,甚至入口、眼,导致中毒等实验伤害。

(5) 实验完成后应按要求及时完成并提交实验报告,实验报告一般包括以下内容:实验名称、实验日期、实验目的、简明实验原理、所用实验仪器类型与型号、主要实验步骤或主要实验条件、实验数据及其处理、实验结果分析与讨论、实验经验的总结和反思等。

1.2 分析试样的采集和预处理

分析试样的采集和预处理是一个完整分析工作的开始，是保证获取有效分析结果的重要前提，是仪器分析工作者必须具备的基本技能。试样采集是指从待分析的大批物料中采集最初试样（原始试样）的过程，试样采集的基本原则是"具有代表性"，即对试样进行分析的结果应能合理估计被分析对象的整体情况。因此，试样采集有专门的操作方法和基本原则，相关知识可参见专门资料。

分析仪器对样品有一定的要求，通常情况下原始试样含有多种组分，进行测定时常常发生干扰，影响结果的准确度，甚至无法测定。因此实验室通常需要对原始试样进行处理，制备成供分析用的最终试样（分析试样），这一过程称为试样预处理。在仪器分析实验室对原始试样进行预处理通常涉及原始样品的分解、溶解，以及对原始样品中待测组分的提取、纯化和浓缩等，这些方法在分析化学课程上已经讲述，而且有专门的参考资料，在此不再赘述。

1.3 分析结果的报告

仪器分析结果是基础理论研究、工艺参数优化、疾病诊断等实际场合下进行分析和决策的基本依据，因此分析结果通常事关重大。准确、合理地报告分析结果是仪器分析实验课程的重要学习内容，涉及有效数字取舍和计算、分析结果可靠性评价、数据表达以及分析方法的评价等。

1.3.1 有效数字及其运算法则

(1) 有效数字

有效数字是指在分析工作中实际上能测量到的数字。保留有效数字位数的原则是：在记录测量数据时，只允许保留一位可疑数，即只有末位数欠准，其误差是末位数的±1个单位。这是由于仪器精度的限制，对末位数进行估读时加入了实验者的主观因素。有效数字不仅能表示数值的大小，还可以反映测量的精确程度。因此在记录数据时既不可随意多写数字的位数，夸大测量的精度；也不可轻率少写数字的位数，降低测量的精度。在数据中数字1至9均为有效数字，但数字0则可能不是有效数字。当0位于其他数字之前，仅用于数量级定位，则不能视为有效数字，如数据

0.017 2 中的"0";当 0 位于其他数字之后,0 是有效数字,如数据 1.720 中的"0",它除表示数量值外,还表示该数据的准确程度。

(2) 有效数字修约规则

在进行数据运算过程中,通常涉及将多余的有效数字舍去的情况,称为有效数字修约。根据国家标准《数值修约规则与极限数值的表示和判定》(GB/T 8170—2008)的规定,采用"四舍六入五留双"的规则进行修约比较合理,其具体操作为:

① 当多余位数的最高位数字(约去数)≤4 时,舍去,如 1.434 09 修约为 1.43。

② 当多余位数的最高位数字(约去数)≥6 时,进位,如 1.436 07 修约为 1.44。

③ 当多余位数的最高位数字(约去数)为 5 时,若 5 后的数字不为 0,则进位,如 1.451 修约为 1.5;若 5 后没有数字或均为 0,则观察 5 前数字是奇数还是偶数,采用"奇进偶舍"的方式进行修约,使被保留数字的末位为偶数,如 1.450 修约为 1.4,1.550 修约为 1.6。

④ 对原测量值进行修约,只允许进行一次修约至所需位数,不能分次修约。

⑤ 采用对数和指数表示的数据,其有效数字位数与对数(或指数)小数点后的位数相一致,如 pH=11.02,则 $c(H^+)=9.5\times10^{-12}$,两位有效数字。

⑥ 在做统计检验时,标准偏差可多保留 1~2 位数参与运算,计算结果的统计量可多保留一位数字与临界值比较,一般取两位有效数字。

在运算中,为提高运算速度,可将参与运算各数的有效数字修约到比绝对误差最大的数据多一位,运算后再将结果修约到应有的位数。标准中极限数值的表示形式及书写位数应适当,其有效数字应全部写出。书写位数表示的精确程度,应能保证产品或其他标准化对象应有的性能和质量。在判定测定值或其计算值是否符合标准要求时,应将测试所得的测定值或其计算值与标准规定的极限数值做比较,比较的方法有全数值比较法和修约值比较法两种。当标准或有关文件中,对极限数值(包括带有极限偏差值的数值)无特殊规定时,均应使用全数值比较法。如规定采用修约值比较法,应在标准中加以说明。对同样的极限数值,若它本身符合要求,则全数值比较法比修约值比较法更严格。

(3) 有效数字运算规则

在计算分析结果时,每个测量值的误差都要传递到分析结果中去,运算不应改变测量的准确度。因此,应根据误差传递规律进行有效数字的运算。有效数字的运算分为加减法和乘除法。

加减法的和或差的误差是各个数值绝对误差的传递结果。几个数据的和或差的有效数字的保留应以小数点后位数最少,即绝对误差最大的数据为依据(计算结果的有效数字与小数点后位数最少的数据一致)。

例:50.1+1.45+0.581 2=?

解:50.1+1.45+0.581 2=50.1+1.4+0.6=52.1

乘除法的积或商的误差是各个数据相对误差的传递结果。几个数据相乘除时，积或商的有效数字应保留的位数以参加运算的数据中有效数字位数最少，即相对误差最大的数据为依据(计算结果的有效数字与有效数字位数最少的数据一致)。

例:$2.187\ 9 \times 0.154 \times 60.06 = ?$

解:各数据的相对误差分别为

$\pm 0.000\ 1/2.187\ 9 \times 100\% = \pm 0.005\%$

$\pm 0.001/0.154 \times 100\% = \pm 0.6\%$

$\pm 0.01/60.06 \times 100\% = \pm 0.02\%$

上述数据中，有效位数最少的 0.154，其相对误差最大，因此，计算结果也只能取三位有效数字，即 $2.187\ 9 \times 0.154 \times 60.06 = 2.19 \times 0.154 \times 60.1 = 20.3$。

1.3.2 可疑数据的取舍

在定量分析中，常常出现平行测量的一组实验数据中个别实验数据与其他数据偏差较大的情况，这类数据称为可疑值或离群值。如能确定可疑值为明显的过失造成的，则该数据应予舍去，否则，应保留。可疑值的取舍实质上是区分随机误差与过失误差的问题，可借统计检验来判断，常用的有四倍法(也称 4d 法)、格鲁布斯法(Grubbs 法)、迪克逊(Dixon)检验法和 Q 值检验法等，其中 Q 值检验法比较严格而且比较方便。

Q 值检验法——根据统计量 Q 进行判断，步骤如下:

① 将数据按大小排列为:$x_1, x_2, \cdots, x_{n-1}, x_n$。

② 计算出统计量 Q:

$$Q = \frac{|可疑值 - 离群值|}{最大值 - 最小值} \tag{1-1}$$

③ 根据测定次数和要求的置信度由 Q 值表(表 1-1)查得 Q 值(表值)。

④ 再以计算值与表值比较，若 $Q_{算} > Q_{表}$，则该值需舍去，否则必须保留。

表 1-1 舍弃商 Q 值表

测定次数 n	3	4	5	6	7	8	9	10
$Q_{0.90}$	0.94	0.76	0.64	0.56	0.51	0.47	0.44	0.41
$Q_{0.95}$	0.98	0.85	0.73	0.64	0.59	0.54	0.51	0.48
$Q_{0.99}$	0.99	0.93	0.82	0.74	0.68	0.63	0.60	0.87

1.3.3 误差

在定量分析中,受分析方法、测量仪器、分析试剂和操作人员等因素的影响,获得的实验结果与真实值不可能完全一致,这种不一致是客观存在且不可避免的。因此,从事分析工作的人员应正确认识误差的概念。实际中,只能通过理解误差产生的原因和规律,针对性地采取措施,减少误差,以提高分析结果的准确度。

(1) 误差的分类

根据误差的来源可将误差分为系统误差和偶然误差(随机误差)。其中系统误差由某些固定因素引起,在测量过程中重复出现、正负及大小可测,并具有单向性特征。偶然误差由测量过程中一系列有关因素的微小的随机波动引起,具有统计规律性,可用统计的方法进行处理。实验误差由系统误差和偶然误差两部分组成。

(2) 准确度和精密度

测量误差的大小通常用准确度(accuracy)和精密度(precision)来衡量。

准确度是指在一定测量精度的条件下分析结果与真值的接近程度,常以绝对误差(E)和相对误差(E_r)来表示。单次测量结果的绝对误差和相对误差分别表示为

$$E = x - x_T \tag{1-2}$$

$$E_r = \frac{E}{x_T} \times 100\% = \frac{x - x_T}{x_T} \times 100\% \tag{1-3}$$

式中,x_T 表示测量结果的真实值。

精密度是指多次重复测定某一量时所得测量值的离散程度,常以偏差(d)和相对偏差(d_r)来表示。单次测量结果的绝对偏差和相对偏差分别表示为

$$d = x - \bar{x} \tag{1-4}$$

$$d_r = \frac{d}{\bar{x}} \times 100\% = \frac{x - \bar{x}}{\bar{x}} \times 100\% \tag{1-5}$$

式中,$\bar{x}$ 表示多次测量结果的平均值。

$$\bar{x} = \frac{x_1 + x_2 + x_3 + \cdots + x_n}{n} = \frac{1}{n}\sum_{i=1}^{n} x_i \tag{1-6}$$

虽然测量结果的真实值是客观存在的,但测量方法不可能绝对地确定真实值。在具体的工作中,通常把某些相对可靠的数据视为真实值:

① 理论真值,如化学计量比。

② 计量学约定真值,如国际数据委员会(Committee on Data for Science and Technology, CODATA)推荐的真空光速、阿伏伽德罗常量等特定量的最新值。

③ 相对真值,采用各种可靠方法、不同机构、不同人员反复验证并获得公认的测

量值。

在一般的实验中,测量结果通常没有对应的真实值。所以大多数情况下,是通过计算测量结果的偏差,并以精密度代替准确度来衡量测量结果的可靠性。

在实际工作中,对同一样品需要进行多次平行测定,取多次测量结果的平均值作为最终分析结果,并计算测量结果的平均偏差($\overline{d}$)和相对平均偏差($\overline{d_r}$)来表示测量结果的总体偏离程度。

$$\overline{d} = \sum_{i=1}^{n} |(x_i - \overline{x})| \tag{1-7}$$

$$\overline{d_r} = \frac{\overline{d}}{\overline{x}} \times 100\% \tag{1-8}$$

当平行测量次数较多时,为了更好地反映测量结果的精密度,需要计算测量结果的标准偏差(s)和相对标准偏差(s_r,也称变异系数):

$$s = \sqrt{\frac{\sum_{n=1}^{n}(x_i - \overline{x})}{n-1}} \tag{1-9}$$

$$s_r = \frac{s}{\overline{x}} \times 100\% \tag{1-10}$$

(3) 减免误差的方法

虽然测量误差是不可避免的,但在实际工作中可以通过一定的方法,尽量减免误差,提高测量结果的可靠性。通常,可以通过以下途径减免误差:

① 选择合适的分析方法。根据待测组分的含量、性质、试样的组成及对准确度的要求选择合适的分析方法。

② 减少测量误差。尽可能减少各测量步骤的误差,如使用万分之一天平称量固体样品时,控制取样量在 0.2g 以上,可以使测量相对误差小于 0.1%。

③ 消除系统误差。系统误差是由某些固定因素引起。根据不同的误差来源,可以采用不同的方法消除,如对照试验、空白试验、仪器校准、分析结果校正等。

④ 增加平行测定次数,减小偶然误差。一般要求平行测定 3~5 次。

(4) 平均值的置信区间

一般情况下,将多次平行测定的平均值作为分析结果报出。然而,对于准确度要求较高的工作,仅报告平均值不足以反映测量结果的可靠性,还应在消除了系统误差的基础上,估计随机误差的影响。给出一定置信度下,真实值可能出现的范围,即置信区间。

对于 n 次平行测定结果,根据统计学原理,计算真实值 μ 可能存在的置信区间为

$$\mu = \bar{x} \pm \frac{ts}{\sqrt{n}} \tag{1-11}$$

式中，s 为标准偏差；t 为给定置信度下，由测量次数决定的校正系数，可从 t 值表（表 1-2）中查得。

表 1-2　不同测定次数及不同置信度下的 t 值

测定次数/n	置信度				
	50%	90%	95%	99%	99.5%
2	1.000	6.314	12.706	63.657	127.32
3	0.816	2.920	4.303	9.925	14.089
4	0.765	2.353	3.182	5.841	7.453
5	0.741	2.132	2.776	4.604	5.598
6	0.727	2.015	2.571	4.032	4.773
7	0.718	1.943	2.447	3.707	4.317
8	0.711	1.895	2.365	3.500	4.029
9	0.706	1.860	2.306	3.355	3.832
10	0.703	1.833	2.262	3.250	3.690
11	0.700	1.812	2.228	3.169	3.581
21	0.687	1.725	2.086	2.845	3.513
∞	0.674	1.645	1.960	2.576	2.807

1.3.4　实验数据的表达

实验数据应以简明的方法表达出来，以供阅读者学习和交流。常用的方法有列表法、图解法、数学方程表示法等，可根据具体情况选择一种表达方法。

(1) 列表法

列表法是指将一组实验数据中的自变量和因变量的数值按一定形式和顺序列成表格。列表法比较简明、直观，是最常用的方法。列表时应注意以下事项：

① 每个表格须有简明扼要的表名，在表名不足以说明表中数据含义时，在表名或表格下面再附加说明，如获得数据的有关实验条件、数据来源等。

② 表中数据必须以明了的方式标明其含义和单位，在不引起歧义的情况下，尽可能用符号表示。

③ 有效数字位数应取舍适当，小数点应上下对齐，以便比较分析。对数据要求高时，还要提供数据的置信区间。

(2) 图解法

图解法是将实验数据按自变量与因变量的对应关系绘成图形,直观反映变量间的各种关系,便于进行分析研究。为了制得高质量的实验数据图,需要注意以下基本要点:

① 先使用铅笔绘图,以便修改,然后用墨水复绘,干后擦掉铅笔线,不能用圆珠笔或钢笔绘图。现如今,更提倡使用电脑软件作图。

② 自变量为横轴,因变量为纵轴,在坐标轴旁标注变量名称及单位。读数不一定从0开始,应视具体情况而定,尽量使图形布局匀称、合理。

③ 坐标分度的选择应便于迅速、简便地读数和计算,即坐标刻度优先取1,2,5等简单数字的整数倍,不宜采用3,7,9及其倍数。

④ 比例尺选择应恰当,尽量使数量变化趋势凸显,使图像布满图幅的大部分但又不紧贴边缘,对于呈直线关系的图像尽可能使线图与坐标轴成45°夹角。

⑤ 将数据点用符号(如▲、●、■等)标注在准确的位置,符号中心表示测得数据的值,多组数据采用不同的符号标注,在有更高要求时可以添加误差棒表示各数据的置信区间。

⑥ 做曲线时,线条应细而清晰,曲线应当平滑均匀,曲线不必也不可能通过所有点,只要使各代表点均匀地分布在曲线两侧近邻即可。

⑦ 坐标的分度值要客观体现测量结果的精度,即坐标分度值的最小单位格子表示有效数字的最后一位可靠数字。

⑧ 每幅图必须有简明的标题,一般书写在图片正下方,标题后面可以根据需要添加实验条件、图例说明等补充信息以帮助阅读者更好地理解该图所表达的意思。

图解法是表达实验数据的重要方法,也是分析实验数据的重要工具,采用适当的方法可以从数据图中直接或间接获得许多重要信息:

① 求极值或转折点。函数的极值或转折点在图形上表现得很直观。如电位滴定法中,根据极值点确定滴定终点。

② 求内插值。根据实验所得数据,做出函数间的关系曲线,然后找出与某函数相应的物理量的数值,如外标法中根据测量结果确定未知样品的含量。

③ 求外推值。根据测量数据间的线性关系外推至测量范围以外,求某一函数的极限值。如用电位分析的标准加入法确定未知样品含量,将离子活度对数值($\lg a$)与电位的曲线外延,求得未知组分的含量。

④ 图解微分和图解积分。如用电位滴定曲线的一次微分图解确定滴定终点,以及色谱定量分析中根据色谱流出曲线图解积分确定色谱峰面积等。

(3) 数学方程表示法

数学方程表示法是对数据进行回归分析,以数学方程式描述变量之间关系的方法。仪器分析实验数据的自变量与因变量之间多呈直线关系,或是经过适当变换后,使之呈现直线关系。图解法中介绍了用图解法表示两个变量的直线关系时,由于实验数据不可避免地存在误差,因此让所有数据点都落在同一直线上是很难的;而且描点画图很难做到十分精确,完全根据作图法精确确定变量之间的线性关系是很难的。利用回归分析法获得变量间的数学关系表达式(数学方程表示法)可以更精确地表达变量之间的关系,从而有利于获得更可靠的结果。

仪器分析实验中比较常用的是一元线性回归分析,多采用平均值法和最小二乘法完成,如极谱分析法中,以电极电位(E_d)对扩散电流表达式 $\lg \frac{i_d-i}{i}$ 作图并拟合直线,可根据截距和斜率求半波电位和电子转移数。在实验报告中,往往还需给出相关系数 r,以说明变量之间线性关系的程度:$r=1$ 时,说明变量间是理想的线性关系;$r=0$ 时,说明变量间无线性关系,但并不否定它们之间可能存在其他的非线性关系;$0<r<1$ 时,说明变量间存在关联性,且 r 越接近 1,线性关系越好。

以上介绍了常用实验数据表达方法及其操作要点。随着计算机技术的发展,计算机技术为实验数据整理、表达和分析等提供了强有力的工具。如常见的 Microsoft Excel、Origin 等软件就可以根据一套原始数据,在数据库、公式、函数、图表之间进行数据传递、链接和编辑等操作,从而对原始数据进行汇总列表、数据处理、统计计算、绘制图表、回归分析及验证等。在仪器分析实验中应充分学习和利用好这些先进的工具以提高数据处理的效率和质量。

1.3.5 分析方法的基本评价指标

分析方法的选择和运用对分析结果有关键性的影响,选择合适的分析方法往往是获得理想结果的重要前提。针对具体的分析对象,好的分析方法应具备良好的检测能力,以获得准确可靠的分析结果,还应具有很好的适用性,同时具备易操作性和较低的分析成本。在分析化学中,可以通过一系列指标来对分析方法进行评价。检测能力一般用检出限表示;测定结果的可靠性一般用准确度和精密度来衡量;适用性则用校正曲线的线性范围和抗干扰能力衡量。前面已经对准确度和精密度进行了介绍,这里主要介绍其他评价指标。

(1) 灵敏度和检出限

灵敏度 s:1975 年,国际纯粹和应用化学联合会(International Union of Pure and Applied Chemistry,IUPAC)建议把校正曲线的斜率 s 称为灵敏度,即

$$s=\frac{\mathrm{d}R}{\mathrm{d}c}(浓度型) \quad 或 \quad s=\frac{\mathrm{d}R}{\mathrm{d}m}(质量型) \tag{1-12}$$

灵敏度表示单位浓度或单位质量的待测组分变化所引起的响应值的变化。灵敏

度越高,浓度或质量变化引起的检测信号变化越显著。灵敏度高是检测能力强的前提,但灵敏度并不适合用来评价方法的检出能力。因为,灵敏度直接依赖于检测器的灵敏度和信号的放大倍数。一定条件下,增强检测信号可以提高灵敏度,但仪器的噪声也可能随之增强,检出能力并不一定会得到提高。因此,目前多用检出限来评价分析方法的检测能力。

IUPAC 定义检出限为:由能够被检测出的最小分析信号求得的待测组分的最低浓度(或质量)。不同分析方法所检测到的信号不同,因此检出限的具体定义也不同。一般的测定方法是通过收集检测一组空白试样(或低含量试样)获得的信号,计算信号的标准偏差 s_0,以 $3s_0$ 作为该方法的检出限。检出限越低,方法的检测能力越强。实际上,在检出限附近进样得到的结果不一定可靠。为了表示定量测定的下限或能力,通常把满足一定精密度和准确性要求的,能够定量测定的待测组分的最小浓度或质量作为定量限。实际中一般以 $10s_0$ 估算定量限,同时要测量若干定量限浓度(或质量)的样品来验证结果的精密度和准确度是否达到要求。

(2) 回收率

在没有可供参考的真实值来衡量测定结果的准确性时,可以通过测定回收率来检验方法的准确性。回收率测定实验操作方法:配制组成与试样接近的标准试样,在与样品检测一致的条件下测定标准试样。将测定值 t 与标准值 s 进行对照,按式(1-13)计算回收率:

$$r = \frac{t}{s} \times 100\% \tag{1-13}$$

回收率越接近 100%,表示分析方法的准确度越高,系统误差越小;反之,则表示分析方法的系统误差较大。

当试样组成不清楚或难以获得组成与试样基本接近的标准样时,可以计算加标回收率。其操作方法为:取等量平行试样两份,其中一份加入已知量 t_2 的待测组分标准品并混合均匀,然后平行测定两份试样。若测得未加标试样中待测组分含量为 t_1,加标后的试样中待测组分含量为 t_3,则加标回收率为:

$$p = \frac{t_3 - t_1}{t_2} \times 100\% \tag{1-14}$$

(3) 适用性

一个分析方法的适用性,包括该方法对待测组分含量的适用范围和对不同类型、不同基质的适用性。含量的适用范围用校正曲线的线性范围来表示,即含量与仪器响应值之间的关系曲线中符合线性关系的一段,包括线性范围的下限和上限。对不同类型、不同基质的适用性与该方法的抗干扰性能有关,好的分析方法应该具有较好的抗干扰能力,可以通过分析不同类型的试样直接评估方法的抗干扰能力,也可以在试样中加入不同的干扰物质再测定待测组分的回收率来分析其抗干扰能力,并确定干扰物质所允许的共存量。

1.4 仪器分析实验室的基础知识

1.4.1 分析实验室用水

仪器分析实验需要使用无色透明且具备适当级别的纯水。依据国家标准《分析实验室用水规格和试验方法》(GB/T 6682—2008),分析实验室用水共分为三个级别:一级水、二级水和三级水,其中一级水纯度最高。分析实验室用水的水质规格如表 1-3 所示。

表 1-3 分析实验室用水的水质规格

名称	一级	二级	三级
pH 范围(25 ℃)	/	/	5.0~7.5
电导率(25 ℃)/(mS·m^{-1})	≤0.01	≤0.10	≤0.50
可氧化物质含量(以 O 计)/(mg·L^{-1})	/	≤0.08	≤0.4
吸光度(254 nm,1 cm 光程)	≤0.001	≤0.01	/
蒸发残渣(105 ℃±2 ℃)/(mg·L^{-1})	/	≤1.0	≤2.0
可溶性硅(以 SiO$_2$ 计)/(mg·L^{-1})	≤0.01	≤0.02	/

注1:由于在一级水、二级水的纯度下,难以测定其真实的 pH,因此,对一级水、二级水的 pH 范围不做规定。

注2:由于在一级水的纯度下,难以测定可氧化物质和蒸发残渣,对其限量不做规定。可用其他条件和制备方法来保证一级水的质量。

目前,高等学校大型仪器分析实验室的纯水主要是去离子水和纯水机制备的纯水。去离子水的制备是将自来水作为原水,通过阳离子、阴离子、混合交换树脂柱除去常见阴、阳离子,一般可以达到二级水标准,但对有机物和非离子型杂质去除效果较差,使用时要考虑这些组分的影响。纯水机可制备一级、二级和三级的纯水,可以根据仪器要求进行选取。一级水用于有严格要求的分析实验,如高效液相色谱分析用水;二级水用于无机痕量分析等实验,如原子吸收光谱分析用水;三级水用于一般化学分析实验。

1.4.2 分析实验室用电

实验室供电的常见电压分为220 V和380 V,每个实验房间宜设有独立的电控柜。电控柜应设置总电源控制开关,能够切断房间内所有电源,同时还应设置多个空气开关,保证使用过程中如有漏电现象立刻自动切断电源。对于需要进行长时间连续试验的设备,以及重要的仪器设备或数据工作站,应设置不间断电源或双路供电,避免因切断实验室的总电源而影响其工作。实验室应根据实际最大用电负荷并考虑一定余量进行配电设计。对于新建实验室,应充分考虑预购仪器设备的工作需求,预留电容量。使用电线的标称截面积应满足要求。在此基础上,还要考虑电源负荷大小、接地和今后可能的发展。实验室供电应考虑同时运行多台大功率设备的情况,防止供电线路过载发热,绝缘层强度下降引起危险。此外,关于电器设备的用电设计,应根据实验台及仪器设备的安放位置,考虑将来会逐渐增添新的仪器设备,在敷设电线、安装插座时应留有余量,配电导线应采用铜芯线,最好配合小型仪器布局电源插座,在实验室的墙壁上应安装多处单相和三相插座,方便临时使用。实验室供电设计应满足《科研建筑设计标准》(JGJ 91—2019)的相关规定,实验室家具配电设计应满足国家标准《建筑物电气装置 第7—713部分:特殊装置或场所的要求 家具》(GB/T 16895.29—2008)的相关规定,实验室布线应符合国家标准《低压电气装置 第5—52部分:电气设备的选择和安装 布线系统》(GB/T 16895.6—2014)的相关规定。

实验室可设置实验室工作接地、供电电源工作接地、保护接地、实验室特殊防护接地及防雷接地。实验室工作接地的接地电阻值,应按实验仪器、设备的具体要求确定。无特殊要求时,不宜大于4 Ω。供电电源工作接地及保护接地的接地电阻值不应大于4 Ω。各种接地宜共用一组接地装置。实验室特殊防护接地电阻值按具体要求确定,如防雷接地需单独设置,防雷接地电阻值应符合国家标准《建筑物防雷设计规范》(GB/T 50057—2010)的规定。

1.4.3 分析实验室用气

仪器分析实验室常用的气体一般是钢瓶储存气,属于特种设备。气瓶搬运、装卸、储存和使用需要符合国家标准《气瓶搬运、装卸、储存和使用安全规定》(GB/T 34525—2007)的安全规定。

(1) 气瓶的搬运

近距离搬运气瓶时,凹形底气瓶及带圆形底座气瓶可采用徒手倾斜滚动的方式搬运,方形底座气瓶应使用稳妥、省力的专用小车搬运。距离较远或路面不平时,应使用特制机械、工具搬运,并用铁链等妥善加以固定。不应用肩扛、背驮、怀抱、臂挟、托举或二人抬运的方式搬运。不同性质的气瓶同时搬运时,其配装应按《危险货物道路运输规则》(JT/T 617—2018)行业系列标准规定的危险货物配装表的要求执行。不应使用翻斗车或铲车搬运气瓶,叉车搬运时应将气瓶装入集装格内。不应使用链绳、钢丝绳捆绑或钩吊瓶帽等方式吊运气瓶。在搬运途中发现气瓶漏气、燃烧等险情时,搬运人员应针对险情原因,进行紧急有效的处理。气瓶搬运到目的地后,放置气瓶的地面应平整,放置时气瓶应稳妥可靠,防止倾倒或滚动。

(2) 气瓶的装卸

装卸气瓶时应轻装轻卸,避免气瓶相互碰撞或与其他坚硬的物体碰撞,不应用抛、滚、滑、摔、碰等方式装卸气瓶。用人工将气瓶向高处举放或需把气瓶从高处放落地面时,应两人同时操作,并要求提升与降落的动作协调一致,轻举轻放,不应在举放时抛、扔或在放落时滑、摔。装卸、搬运缠绕气瓶时,应有保护措施,防止气瓶复合层磨损、划伤,还应避免气瓶受潮。装卸气瓶时应配备好瓶帽,注意保护气瓶阀门,防止撞坏。卸车时,要在气瓶落地点铺上铅垫或橡皮垫;应逐个卸车,不应多个气瓶连续溜放。装卸作业时,不应将阀门对准人身,气瓶应直立转动,不准脱手滚瓶或传接,气瓶直立放置时应稳妥牢靠。装卸有毒气体时,应预先采取相应的防毒措施。装卸氧气及氧化性气瓶时,工作服、手套和装卸工具、机具上不应沾有油脂。

(3) 气瓶入库检查

气瓶入库应由专人负责,逐瓶进行检查。检查内容至少应包括:气瓶是否由具有"特种设备制造许可证"的单位生产;进口气瓶是否经特种设备安全监督管理部门认可;入库的气体是否与气瓶制造钢印标志中充装气体名称或化学分子式一致;根据国家标准《气瓶警示标签》(GB/T 16804—2011)规定制作的警示标签上印有的瓶装气体的名称及化学分子式是否与气瓶钢印标志一致;瓶阀出气口的螺纹与所装气体规定的螺纹形式是否相符,防错装接头各零件是否灵活好用;气瓶外表面的颜色标志是否符合国家标准《气瓶颜色标志》(GB/T 7144—2016)的规定,且清晰易认;气瓶外表面是否无裂纹、严重腐蚀、明显变形及其他严重外部损伤缺陷;气瓶是否在规定的检验有效使用期内;气瓶的安全附件是否齐全,是否在规定的检验有效期内并符合安全要求;氧气或其他强氧化性气体的气瓶,其瓶体、瓶阀是否沾染油脂或其他可燃物。经检查不符合要求的气瓶应与合格气瓶隔离存放,并做明显标记,以防止相互混淆。

(4) 气瓶入库储存

气瓶入库储存应有专人负责管理。入库的空瓶、实瓶和不合格瓶应分别存放,并有明显区域和标志。气瓶入库后,应将气瓶加以固定,防止气瓶倾倒。对于限期储存的气体按《特种气体储存规范》(GB/T 26571—2011)要求存放并标明存放期限。气瓶在存放期间,应定时测试库内的温度和湿度,并做记录。库房最高允许温度和湿度视瓶装气体性质而定,必要时可设温控报警装置。气瓶在库房内应摆放整齐,数量、号位的标志要明显。要留有可供气瓶短距离搬运的通道。存放有毒、可燃气体的库房和氧气及惰性气体的库房,应设置相应气体的危险性浓度检测报警装置。发现气瓶漏气,首先应根据气体性质做好相应的人体保护,在保证安全的前提下,关紧瓶阀;如果瓶阀失控或漏气不在瓶阀上,应采取应急处理措施。应定期对库房内外的用电设备、安全防护设施进行检查。应建立并执行气瓶出入库制度,并做到瓶库账目清楚,数量准确,按时盘点,账物相符,做到先入先出。气瓶出入库时,库房管理员应认真填写气瓶出入库登记表,其内容包括:气体名称、气瓶编号、出入库日期、使用单位、作业人等。

(5) 气瓶的安全使用

应做到专瓶专用,不应擅自更改气体的钢印和颜色标记。气瓶使用时,应立放,并应有防止倾倒的措施。近距离移动气瓶时,可采用徒手倾斜滚动的方式;远距离移动时,可用轻便小车运送;不应抛滚、滑、翻。使用氧气或其他强氧化性气体的气瓶,其瓶体、瓶阀不应沾染油脂或其他可燃物。使用人员的工作服、手套和装卸工具、机具上不应沾有油脂。在安装减压阀时,应检查卡箍或连接螺帽的螺纹是否完好。用于连接气瓶的减压器、接头、导管和压力表,应涂以标记,用在专一类气瓶上。开启或关闭瓶阀时,应用手或专用扳手,不应使用锤子、管钳、长柄螺纹扳手。开启或关闭瓶阀的转动速度应缓慢。发现瓶阀漏气,或打开无气体,或存在其他缺陷时,应将瓶阀关闭,并做好标识,返回气瓶充装单位处理;瓶内气体不应用尽,应留有余压。在可能造成回流的使用场合,使用设备上应配置防止倒灌的装置。不应将气瓶内的气体向其他气瓶倒装;不应自行处理瓶内的余气。气瓶使用场地应设有空瓶区、满瓶区,并有明显标识。不应敲击、碰撞气瓶。不应在气瓶上进行电焊引弧。不应用气瓶做支架或其他不适宜的用途。气瓶操作人员应保证气瓶在正常环境温度下使用,防止气瓶意外受热,不应将气瓶靠近热源。安放气瓶的地点周围 10 m 范围内,不应进行有明火或可能产生火花的作业。气瓶在夏季使用时,应防止气瓶在烈日下暴晒。瓶阀冻结时,应把气瓶移到较温暖的地方,用温水或温度不超过 40 ℃ 的热源解冻。

1.4.4 分析实验室试剂

仪器分析实验室涉及大量化学试剂的存储、使用和废弃处理等,实验室应该对化学试剂有严格的管理制度,《实验室危险化学品安全管理规范》(DB11/T 1191—2018)对化学试剂管理进行了规范。化学试剂的取用应该严格遵守相关的规范。此外,每种化学试剂均有相应的化学品安全技术说明书(又称物质安全技术说明书,material safety data sheet,简称 MSDS),提供了化学品(物质或混合物)在安全、健康和环境保护等方面的信息,推荐了防护措施和紧急情况下的应对措施,内容涵盖危险化学品的燃、爆性能,毒性和环境危害,以及安全使用、泄漏应急救护处置、主要理化参数、法律法规等方面信息,化学试剂的使用和管理均可参考这些信息。

涉及危险化学品时还应遵守进一步的安全规范。危险化学品指具有毒害、腐蚀、爆炸、燃烧、助燃等性质,对人体、设施、环境具有危害的剧毒化学品和其他化学品。依据现行国家标准《化学品分类和危险性象形图标识 通则》(GB/T 24774—2009)和《化学品风险评估通则》(GB/T 34708—2017),把化学品按照其物理危害、健康危害及环境危害分为 28 类。

(1) 物理危害 16 类

爆炸物、易燃气体、气溶胶、氧化性气体、加压气体、易燃液体、易燃固体、自反应物质和混合物、自燃液体、自燃固体、自热物质和混合物、遇水放出易燃气体的物质和混合物、氧化性液体、氧化性固体、有机过氧化物、金属腐蚀物。

(2) 健康危害 10 类

急性毒性、皮肤腐蚀/刺激、严重眼损伤/眼刺激、呼吸道或皮肤致敏、生殖细胞致突变性、致癌性、生殖毒性、特异性靶器官毒性-一次接触、特异性靶器官毒性-反复接触、吸入危害。

(3) 环境危害 2 类

对水生环境的危害、对臭氧层的危害。

1.4.5　各类仪器分析实验室要求

除了上述一般性规定,仪器分析实验室针对不同类型的分析实验室还有一些特殊的要求,这里重点介绍常见的气相色谱分析、液相色谱分析、光谱分析和质谱分析等实验室的相关要求,以供参与仪器分析实验的相关人员学习和参考。

(1) 气相色谱分析室

气相色谱分析室主要是对容易转化为气态而不分解的液态有机化合物及气态样品进行分析,对高沸点化合物、难挥发的及热不稳定的化合物、离子化合物、高聚物的分离却无能为力。仪器设备主要是气相色谱仪,具有计算机控制系统及数据处理系统,自动化程度很高,对有机化合物具有高效的分离能力,所用载气主要有 H_2、N_2、Ar、He、CO_2 等。实验室须配备仪器工作台(应离墙以便仪器维修)、万向排气罩、电脑台、边台、洗涤台、试剂柜等,要求局部排风及避免阳光直射在仪器上,避免影响电路系统正常工作的电场及磁场存在。

(2) 液相色谱分析室

液相色谱分析室主要通过高效率分离,从复杂的有机化合物分离制取纯净化合物进行定量分析和定性分析,适用于高沸点化合物、难挥发化合物、热不稳定化合物、离子化合物、高聚物等,弥补了气相色谱仪的不足。仪器设备主要是高效液相色谱仪,环境和实验室基础装备设计要求与气相色谱分析室相近。

(3) 光谱分析室

光谱分析室主要是根据物质对光具有吸收、散射的物理特征及发射光的物理特性,在分析化学领域建立化学分析。主要的仪器是原子发射光谱仪、原子吸收光谱仪、分光光度计、原子荧光光谱仪、荧光分光光度计、X射线荧光仪、红外光谱仪、电感耦合等离子体(inductively coupled plasma,ICP)光谱仪、拉曼光谱仪等。光谱分析室应尽量远离化学实验室,以防止酸、碱、腐蚀性气体等对仪器的损害,远离辐射源;室内应有防尘、防震、防潮等措施。仪器工作台与窗、墙之间要有一定距离,便于对仪器的调试和检修;应设计局部排风,使用原子吸收罩排风较为适宜。光谱分析室中,根据实际需要可设置样品处理室,一般有洗涤台、实验台、通风柜等设备。

(4) 质谱分析室

质谱分析室主要是对纯有机物进行定性分析,实现对有机化合物的分子量、分子式、分子结构的测定。分析样品可以是气体、液体、固体,主要设备是质谱仪、气质联用仪。质谱仪是利用电磁学的原理,使物质的离子按照质荷比(即质量 m 与电荷 e 之比)分离并进行质谱分析的仪器,其缺点是对复杂有机混合物的分离无能为力。气相色谱分离效率高,定量分析简便,而质谱仪灵敏度高,定性分析能力强。两种仪器联用称为气质联用仪,可以取长补短,提高分析质量和效率。质谱仪可能有汞蒸气逸出,要考虑局部排风。

第 2 章
红外吸收光谱分析实验

2.1 基本原理

2.1.1 红外线的划分

光是一种电磁辐射(又称电磁波),从 γ 射线至无线电波都是电磁辐射,它们在性质上完全相同,区别仅在于能量的不同,即波长或频率不同。

红外辐射(简称红外线)是波长为 $0.76\sim1\,000\,\mu m$ 的电磁波。根据红外线波长的不同,又将其分为三个区域:近红外区、中红外区和远红外区。其中中红外区(波长 $2.5\sim25\,\mu m$,波数 $4\,000\sim400\,cm^{-1}$)是研究最多的区域,广泛应用于有机化合物的结构鉴定。表 2-1 所示红外光波的三个波区,是根据测定这些波区光谱时所用仪器及从各波区中获得的信息来划分的。这三个红外波区之间的划分没有非常严格的界限。近红外区出现的是倍频峰和合频峰,但倍频峰和合频峰也会出现在中红外区。中红外区出现的主要是基频峰和指纹频率。气体分子的转动光谱、氧化物的光谱主要出现在远红外区和中红外的低频区。

表 2-1 表示红外光波的三个波区

波谱区	近红外光 (泛频区)	中红外光 (基本振动区)	远红外光 (转动区)
波长/μm	$0.76\sim2.5$	$2.5\sim50$	$50\sim1\,000$
波数/cm^{-1}	$13\,000\sim4\,000$	$4\,000\sim200$	$200\sim10$
跃迁类型	O—H,N—H 及 C—H 键的倍频吸收	分子振动能级的跃迁,伴随转动	分子纯转动能级跃迁及晶体的晶格振动

2.1.2 红外光谱的定义

当样品受到频率连续变化的红外光照射时,分子吸收一定波长红外光辐射,并由其振动或转动运动引起偶极矩的净变化,分子振动和转动能级从基态跃迁到激发态,使相应于这些吸收区域的透射光强度减弱,形成的分子吸收光谱称为红外光谱(infrared absorption spectroscopy,IR)。由于样品分子吸收的光子能量与紫外线相比更低,只能引起振动和转动能级跃迁,不会引起电子能级跃迁,所以红外光谱又称分子的振动-转动光谱。红外吸收光谱图一般以百分透光率($T\%$)或吸光度(A)为纵坐标,波数(σ,cm^{-1})或波长(λ,μm)为横坐标。文献上的红外光谱图常用波数等间隔分度,称为线性波数表示法。波长与波数的换算关系为

$$\sigma = \frac{10^4}{\lambda} \qquad (2-1)$$

式中，σ 的单位为 cm^{-1}，λ 的单位为 μm。

2.1.3 红外光谱法的特点

(1) 除了单原子分子和同核分子之外，几乎所有的有机化合物均有红外吸收。

(2) 除部分光学异构体及长链烷烃同系物外，几乎没有两个化合物具有相同的红外光谱，据此可以对化合物进行定性和结构分析。

(3) 气态、液态和固态样品均可进行红外光谱测定，且用量少，分析速度快，不破坏样品。

(4) 常规红外光谱仪器结构简单，价格不贵。

(5) 针对特殊样品的测试要求，发展了多种测量技术，如衰减全反射(attenuated total reflection，ATR)光谱、漫反射(diffuse reflection，DR)光谱、镜反射(specular reflectance，SR)光谱、联用技术等。

2.1.4 红外吸收光谱产生的条件

红外光谱是由于分子振动能级(同时伴随转动能级)跃迁而产生的，样品分子吸收辐射产生跃迁必须满足两个条件：

(1) 红外辐射的能量必须与分子的振动能级差相等。

(2) 分子振动过程中其偶极矩必须发生变化，即只有红外活性振动才能产生吸收峰。

2.1.5 红外光谱解析

根据红外吸收光谱的峰位、峰强、峰形和峰的个数，可以判断物质中可能存在的某些官能团，进而推断未知物的结构。

(1) 吸收峰的峰位

在中红外吸收光谱(4 000～400 cm^{-1})上，4 000～1 350 cm^{-1} 区域称为特征区，1 350～400 cm^{-1} 区域称为指纹区。通常，红外吸收带的波长位置与吸收谱带的强度，反映了分子结构的特点。红外吸收波长位置简称峰位，即振动能级跃迁时所吸收的红外线的频率(或波数、波长)。根据经典力学 Hooke 定律推导，基团的基本振动频率与组成基团的折合相对原子质量、化学键类型、振动形式及分子几何构型等有关。

(2) 吸收峰的强度

红外光谱讨论的吸收峰强度不是浓度与吸光度之间的关系，而是红外吸收光谱上吸收峰的相对强度。吸收峰的强度主要由两个因素决定：第一，振动过程中键的偶极矩变化。在不考虑相邻基团相互影响的前提下，键的偶极矩越大，伸缩振动过程中偶极矩的变化也越大，其吸收峰的强度愈强。第二，振动能级的跃迁概率。吸收峰的强度是跃迁概率的量度，跃迁概率越大，其吸收峰的强度越大。当然，峰强还与振动形式有关，不同的振动形式对分子的电荷分布影响不同，偶极矩的变化不同。通常不对称伸缩振动的强度大于对称伸缩振动的强度，伸缩振动的强度大于弯曲振动的强度。吸收峰的绝对强度一般用摩尔吸光系数 ε 来描述。当 $\varepsilon > 100$ 时，称为非常强峰；ε 在 100～20 范围内为强峰；ε 在 20～10 范围内为中强峰；ε 在 10～1 范围内为弱峰；$\varepsilon < 1$ 时为非常弱峰。

（3）吸收峰的形状及谱图质量

解析红外光谱时，在特征区和指纹区域范围内首先要识别峰位，其次观看峰强，最后分析峰形。应该遵循用一组相关峰确认一个基团的原则，防止因片面利用某特征峰来确认某基团而导致分析结果错误。但若特征区内未发现某基团的特征吸收峰，可以判断没有相应基团的存在。不同类型的化合物，其红外光谱图上峰形不同，有单一峰、分裂双峰、多重峰、尖峰和宽峰等。

评价一张红外光谱图的质量，主要看基线、谱图整体吸收强度及谱图的噪声。尽量调节好试样的浓度和厚度，使最强谱峰的透过率在 1%～5%，基线应调在透过率的 90%～95%，基线与最强谱峰的透过率之差应该不小于 60%，光谱图中的大多数吸收峰的透过率处于 10%～80%。当谱图基线呈现高波数处透过率低、低波数处透过率高的倾斜，表明样品粉末粒径大于背景溴化钾粉末，可能是样品研磨不足所致。此时可以将压好的锭片放入研钵内反复多次研磨，即可获得基线较平的谱图。如果研磨时力度一致，则应考虑样品本身的因素。当红外光谱中基线呈现高波数处透过率高、低波数处透过率低的倾斜，说明样品粉末研磨过度，导致样品粉末粒径小于背景溴化钾粉末，此时应该重新取样研磨测试。

红外光谱样品制备通常采用压片法、糊法、膜法、溶液法和气体吸收法等。对于吸收特别强烈或不透明表面上的覆盖物等样品，可采用如衰减全反射、漫反射和发射等红外光谱法。对于极微量或需微区分析的样品，可采用显微红外光谱方法测定。

2.2 仪器结构

红外光谱仪的研制可划分为三个发展阶段。20 世纪初期，第一代红外光谱仪问世，采用氯化钠棱镜作为色散元件，因岩盐棱镜易吸潮损坏、分辨率低及工艺复杂等缺点而被淘汰。随后出现基于光栅衍射进行分光的光栅式红外光谱仪，直到 1950 年商品化双光束红外光谱仪推出,这属于第二代红外光谱仪。光栅式光谱仪的分辨能力超过棱镜式仪器,但在收集红外光谱图时,需要随着光栅转动而逐点收集,扫描速度较慢,现已基本被20世纪70年代以后发展起来的第三代傅里叶(Fourier)变换红外光谱仪(Fourier-transform infrared spectroscopy,FT-IR)代替。傅里叶变换红外光谱仪主要由光源、光阑、干涉仪、检测器、数据处理系统组成,其采用干涉仪代替传统的单色器,通过测量干涉图和对干涉图进行快速傅里叶变换的方法得到红外光谱。

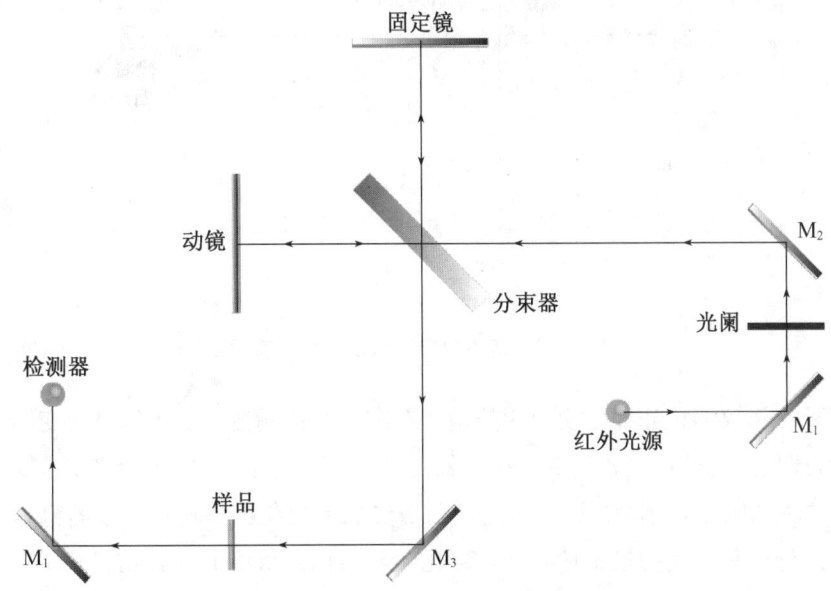

图2-1 傅里叶变换红外光谱仪光学系统结构示意图

中红外波段光源常使用硅碳棒光源、能斯特灯光源、陶瓷光源,这三种光源均能覆盖整个中红外波段。光源又分为水冷却和空气冷却两类。目前大部分傅里叶变换红外光谱仪都采用空气冷却光源,因为冷却水光源使用时需要用到水循环系统,一旦冷却系统漏水,既会影响红外测试,又可能损坏仪器。

傅里叶变换红外光谱仪的最高分辨率和其他性能指标主要由干涉仪决定,干涉仪是红外光谱仪光学系统中的核心部分。目前傅里叶变换红外光谱仪使用的干涉仪有空气轴承干涉仪、机械轴承干涉仪、双动镜机械转动式干涉仪、双角镜耦合干涉仪、动镜扭摆式干涉仪、角镜型迈克尔逊干涉仪等,各仪器厂商都有自己的干涉仪,但是基本构造都遵从经典迈克尔逊干涉仪。自光源发出的光经准直镜后到达分束器,而分束器使一半光束反射,另一半光束透过。经分束器透射的光束到达定镜,再经定镜反射返回分束器。经分束器反射的光束到达动镜,再经动镜反射回到分束器。由于定镜的位置是固定的,而动镜的位置是变化的,因此两光束回到分束器时具有光程差。光源发出的光分成两束后,再以不同的光程差重新组合,发生干涉现象,产生干涉信号,得到干涉图。

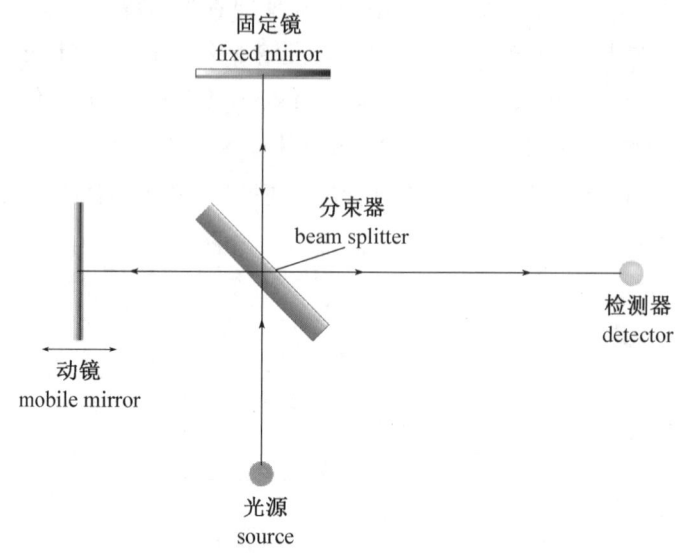

图 2-2　迈克尔逊干涉仪结构示意图

红外光谱仪的检测器主要分为热检测器和量子检测器。对于傅里叶变换红外光谱仪,普遍使用的热电测辐射热计检测器为氘代硫酸三甘氨酸酯(DTGS),DTGS 极易受潮失效,因此检测器中 DTGS 元件前面要加上溴化钾等材料制成的窗片进行密封。中红外区最常用的量子检测器是碲化镉和碲化汞组成的混合物(MCT),二者混合的比例不同,可以检测的波长范围也不同。与 DTGS 检测器相比,MCT 检测器具有灵敏度高、响应速度快的优点,但是信号线性响应范围小,不适合用于定量分析。选择检测器需要考虑灵敏度、信噪比、响应范围等。

2.3　苯甲酸的红外光谱测定

【实验目的】

(1) 熟悉傅里叶变换红外光谱仪的工作原理、仪器构造和基本操作。
(2) 掌握溴化钾压片法制备固体样品。
(3) 了解红外光谱法对有机化合物的定性分析。

【实验原理】

红外光谱测定最常用的试样制备方法是溴化钾压片法,所用溴化钾最好为光学试剂级,至少也要是分析纯级。使用前应将试样研细到200目以下,并在120 ℃以上烘超过4小时后,置于干燥器中备用。如发现试样结块,则应重新干燥。制备好的空白溴化钾片应透明,与空气相比透光率应在75%以上。压片时,应先取供试品研细后再加入溴化钾研细研匀,这样比较容易混匀。研磨器一般为玛瑙研钵,研磨时应朝同一方向均匀用力,如不按同一方向研磨,有可能在研磨过程中使供试品产生转晶,从而影响测定结果。研磨力度不用太大,研磨到试样中不再有肉眼可见的小粒子即可。压片法取用的供试品量常凭经验,不同样品对红外光的吸收程度不一。一般要求所测得光谱图的透光率处于10%~80%。最强吸收峰的透光率太高,如高于30%,则说明取样量太少;相反,最强吸收峰为接近透光率0%且为平头峰,则说明取样量太多,这两种情况均应调整取样量后重新测定。压片用模具使用完后应立即把各部分擦干净,必要时用水清洗干净,再用无水乙醇擦拭,于红外灯下烤干后置于干燥器中保存,以免锈蚀。

本实验是依据仪器所测得样品红外光谱图的吸收峰位置、强度和形状等,利用基团振动频率与分子结构的关系,确定各吸收带的归属,确认分子中所含的基团或化学键,并推断分子的结构。苯甲酸(benzoic acid,CAS No. 65-85-0),别名为安息香酸,化学式为 C_6H_5COOH,熔点为121.7 ℃,沸点为249.2 ℃,为鳞片状或针状吸湿性结晶,具有苯或甲醛的臭味;微溶于水,可溶于乙醇、乙醚、氯仿、苯、四氯化碳,主要用作制药和染料的中间体,用于制取增塑剂和香料等,也可作为钢铁设备的防锈剂。用固体压片法得到的苯甲酸红外光谱中显示的是苯甲酸二分子缔合体的特征,这是因为氢键的作用使苯甲酸通常以二分子缔合体形式存在。只有在测定苯甲酸气态样品或非极性溶剂的稀溶液时,才能测得游离态苯甲酸的特征吸收。

本实验用溴化钾稀释苯甲酸试样,研磨均匀后,压制成透明晶片,测绘试样的红外吸收光谱。苯甲酸分子中具有苯环、羧基、一取代等基团特征,各原子基团的基频峰如表2-2。

表2-2 苯甲酸原子基团的基频峰

原子基团的基本振动形式	基频峰的波数/cm^{-1}
ν C—H(Ar 上)	3 077,3 012
ν C=C(Ar 上)	1 600,1 582,1 495,1 450
δ C—H(Ar 上邻接五氢)	715,690
ν O—H(形成氢键二聚体)	3 000~2 500(多重峰,缔合体峰宽且散)
δ O—H	935
ν C=O	1 400
δ C—O—H(面内弯曲振动)	1 250

(1) 苯环的测定

① 715 cm^{-1}、690 cm^{-1}附近为苯环的单取代 C—H 键面外弯曲的特征吸收峰。

② 3 077 cm^{-1}、3 012 cm^{-1}为苯环环上 C—H 键伸缩振动吸收峰。

③ 在 1 600 cm^{-1}、1 582 cm^{-1}、1 495 cm^{-1}、1 450 cm^{-1}附近出现四指峰,可确定存在单核芳烃 C=C 骨架,所以存在苯环。

(2) 羧基的测定

① 在 1 680 cm^{-1}附近存在强吸收峰,这是由羧酸中羧基的振动产生的。

② 在 2 500~3 400 cm^{-1}区域有宽吸收峰,所以有羧酸的 O—H 键伸缩振动。

③ 在 1 250 cm^{-1}存在 C—O—H 键的面内弯曲特征吸收峰。

④ 在 935 cm^{-1}存在 O—H 键的面外弯曲特征吸收峰。

⑤ 在 1 400 cm^{-1}存在 C=O 键伸缩的特征吸收峰。

【仪器与试剂】

仪器:Thermo Nicolet Avatar 370 傅里叶变换红外光谱仪,红外灯,恒创 HYP-15 手动粉末压片机,恒创 HM-2 红外压片模具(无需脱模模具),玛瑙研钵或球磨振荡器,不锈钢平铲,玻璃干燥器,擦镜纸。

试剂:溴化钾(光谱纯),苯甲酸(AR),无水乙醇(AR)。

【实验步骤】

(1) 仪器开机

开机前先检查室内的温度(18~25 ℃)及湿度(60% 以下)是否符合要求,并检查样品室内有无异物,拿出样品室里的干燥剂。打开稳压电源、红外光谱仪电源,预热 30 min。打开电脑,双击桌面 EZ OMNIC 彩色三菱形徽标,仪器会自动进行自检,软件右上角出现绿色的"√"表示软件与主机连接成功。

(2) 制片

在红外灯下,将溴化钾晶体于玛瑙研钵中研磨 10 min 以上,至粒径约 2 μm(粒度约 200 目),取适量放入模具中,在压片机上压片,压力加到 8 tons(约 20 MPa),稳定 3 min 左右,缓慢泄压,得到透明均匀的溴化钾参比片。

在红外灯下,取 1~2 mg 苯甲酸样品于玛瑙研钵中研磨均匀,再加入 200~300 mg 溴化钾,研磨均匀,样品在固体分散介质中的比例约为 1∶100~2∶100(V/V)。取适量放入模具中,在压片机上压片,压力加到 8 tons(约 20 MPa),静置 3 min 左右,缓慢泄压,得到透明均匀的苯甲酸样品薄片。

(3) 样品测定

设置傅里叶变换红外光谱仪采集条件。点击"Collect"菜单中的"Experiment

Setup"命令,弹出对话框。对于固体样品,设置扫描次数(Number of Scans)为32;分辨率(Resolution)为 4;谱图形式(Final Format)为‰ Transmittance;校正(Correction)为 None;背景处理(Background Handling)为 Collect background before every sample;测量范围为 4 000~400 cm^{-1}。

根据提示打开样品室盖,将溴化钾参比片放入样品室的样品架上,按下 Collect Background 图标,屏幕上将显示空白背景的红外光谱图。

打开样品室盖,取出空白片,将苯甲酸样品片放入光路中,关盖,按下 Collect Sample 图标,此时,屏幕上将显示样品的红外光谱图。

(4) 谱图处理及检索

按顺序依次单击"Absorb"按钮、"Aut Bsln"按钮、"‰Trans"按钮,选择峰为正的峰,单击"clear"。单击"process"按钮、"smooth"按钮,可选择25光滑图谱,选择有毛刺的峰,单击"clear"。点击"View"菜单中的"Display Setup",勾选"Sample information""Company name""Title of spectrum"。单击标峰"Find pks"按钮,自动查找和显示图谱的峰值。点击"Clipboard",复制数据到一个新建的文本里。单击"replace""copy",把红外图谱粘贴到文本里。点击"File"菜单中的"save as"保存数据(SPA,CSV 两种格式)。

从红外光谱仪自带的谱图库中检索,检出相关度较大的已知物的标准谱图,对样品的谱图进行解读,参考标准谱图得出鉴定结果。

(5) 关机

测定工作完毕后,从光路上取出样品架,点击软件 EZ OMNIC 中"File"菜单下的"Exit"退出软件,关闭红外主机、计算机、稳压器电源,用防尘布盖好仪器并做好使用情况登记。按要求将模具、样品架等清洗干净,妥善保管。

【数据处理】

用仪器自带的 Omnic 软件处理样品的红外光谱图,从高波数到低波数标出各特征吸收峰的波数,并根据苯甲酸的分子结构,结合所学的知识,指出各特征吸收峰属于何种基团的哪种形式的振动,解析苯甲酸的红外光谱。

【注意事项】

(1) 苯甲酸使用前于 80 ℃下干燥 24 h,存于玻璃干燥器中。溴化钾在粉末状态下极易吸水、潮解,使用前应经 120 ℃烘箱烘干,置于干燥器中备用或长期置于 40 ℃真空烘箱中干燥。

(2) 在使用固体压片法时,红外光谱的背景应该选用溴化钾粉末而不是空气。

因为溴化钾粉末可能存在极少量不纯物质,且容易吸收空气中的水汽。

(3) 压片用的模具、玛瑙研钵在使用前后需要用无水乙醇擦拭干净,放在红外灯下烘干。在红外灯下制得的晶片必须透明均匀、无裂痕、局部无发白现象,否则应重新压片(晶片局部发白,表示压制的晶片薄厚不匀;晶片模糊,表示晶体吸潮,水在光谱图 3 440 cm^{-1} 和 1 630 cm^{-1} 处出现吸收峰)。

(4) 试样的浓度和测试厚度应选择适当,以使光谱图中的大多数吸收峰的透射比处于 10%~80%,光谱的最强吸收峰吸光度在 0.5~1.4 或透射率在 4%~30% 间比较合适。

(5) 溴化钾粉末用量太少时,压出来的锭片容易碎裂;溴化钾粉末用量太多时,压出来的锭片不透明。

(6) 光路中有激光,开机时严禁眼睛进入光路。测试期间应尽量减少房间内空气流动。仪器关机后,样品室内应放置干燥剂,盖好并压实防尘布。

【思考题】

(1) 用压片法制样时,为什么要求将固体样品试样研磨到颗粒粒度在 2 μm 左右?稀释剂或样品研磨不均匀在红外光谱图上的表现如何?

(2) 为什么要求溴化钾粉末、待测样品干燥,避免吸水受潮?在红外光谱图上如何辨别样品已受潮?

(3) 红外光谱解析中吸收峰的位置、强度和峰形受哪些因素的影响?(参考图 2-3)

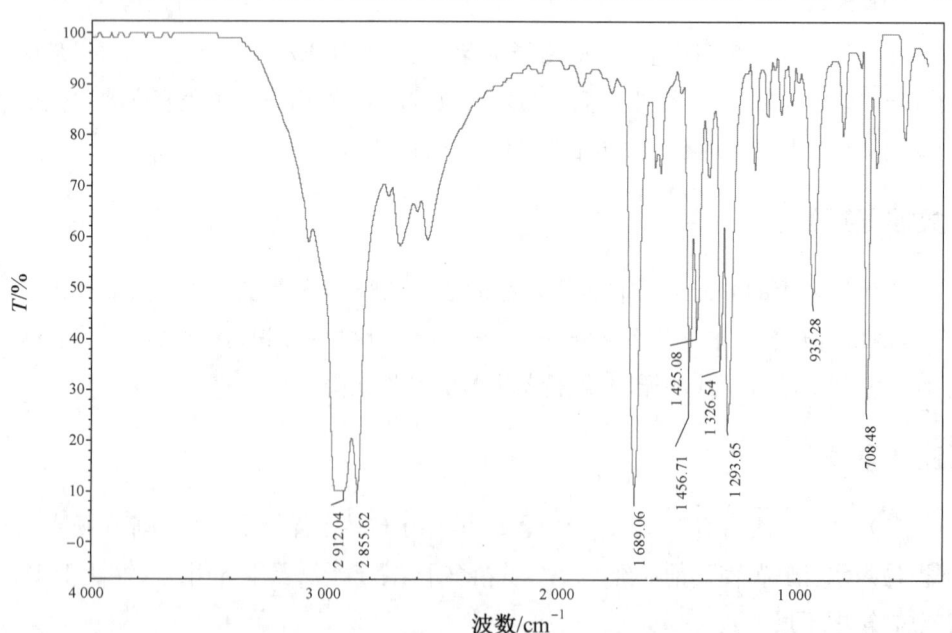

图 2-3 苯甲酸标准红外图谱(实际规格:纯度>99%,GOLD LABEL,A.C.S. REAGENT)

2.4 丙三醇的红外光谱测定

【实验目的】

(1) 熟悉傅里叶变换红外光谱仪的工作原理、仪器构造和基本操作。
(2) 掌握红外光谱液体试样的制样方法。
(3) 学习用红外光谱对化合物进行定性分析。

【实验原理】

在化合物分子中,具有相同化学键的原子基团,其基频峰基本上出现在同一频率区域内。掌握各种原子基团基频峰的频率及其位移规律,就可应用红外吸收光谱图的吸收峰位置、强度和形状等,确定化合物分子中所含的基团或化学键及其在分子结构中的相对位置,从而推断分子的结构。

液体样品分为纯有机液体样品和溶液样品;溶液样品又分为有机溶液样品和水溶液样品。液体试样制备常采用液体池法、夹片法及涂片法、红外显微镜法、衰减全反射(ATR)法。一般液体试样和有合适溶剂的固体试样,均可采用液体池法。液体池一般为 0.1 mm,溶液浓度在 10% 左右;最常用的溶剂有四氯化碳(CCl_4)、二硫化碳(CS_2)、三氯甲烷($CHCl_3$)、环己烷等,对于某些难溶性高聚物或其他物品,多采用四氢呋喃、吡啶、二甲基甲酰胺等(需要选用在测定波数区域无严重干扰吸收的溶剂)。对于流动性大、沸点低(≤100 ℃)的液体试样可采用夹片法,即将液体试样滴在一片溴化钾窗片上,用另一片溴化钾窗片夹住后测定,该方法简便实用。对于油状或黏度大的液体试样可采用涂片法,即将液体样品涂在一片溴化钾窗片上测定。将溶液滴在溴化钾窗片上制模是最好的溶液制模方法,用该法制得的液膜可以直接测定。如果测得的样品吸光度太低(低于 0.5),可以直接往溴化钾窗片上继续滴加样品;如果吸光度太高(超过 1.5),可以往溴化钾窗片上滴加溶剂溶解掉部分样品。

测试完后,溴化钾窗片需用合适的有机溶剂清洗(对于极性样品可选用 $CHCl_3$,非极性样品一般采用 CCl_4),然后于干燥处保存。

1,2,3-丙三醇(glycerol,CAS No. 56-81-5),又名甘油,化学式为 $C_3H_8O_3$,熔点为 18.17 ℃,沸点为 290 ℃,无色、澄清、黏稠液体,有引湿性。能与水或乙醇任意混溶,难溶于苯、氯仿、四氯化碳、二硫化碳、石油醚和油类。

【仪器与试剂】

仪器:Thermo Nicolet Avatar 370 FT-IR,红外灯,溴化钾窗片,圆形可拆式液池。

试剂：丙三醇(AR)，无水乙醇(AR)，脱脂棉球。

【实验步骤】

(1) 仪器开机

开机前先检查室内的温度及湿度是否符合要求，并检查样品室内有无异物，拿出样品室里的干燥剂。打开稳压电源、红外光谱仪电源，预热 30 min。打开电脑，双击桌面 EZ OMNIC 彩色三菱形徽标，仪器会自动进行自检，待软件右上角出现绿色的"√"表示软件与主机连接成功。

(2) 采样设定

设置傅里叶变换红外光谱仪采集条件，点击"Collect"菜单中的"Experiment Setup"命令。弹出对话框。对于液体样品，扫描次数设为 16，分辨率设为 4，测样品透过率，测量范围为 4 000～400 cm^{-1}。根据提示以空气为背景，按下"Collect Background"图标，屏幕上将显示空白背景的红外光谱图。打开样品室盖，将样品架放入光路中，关盖，按下"Collect Sample"图标，此时，屏幕上将显示样品的红外光谱图。

(3) 制样和测试

液膜法：在红外灯下，取适量丙三醇滴在溴化钾窗片上，用另一片溴化钾窗片夹住，稍加推移，使丙三醇在两窗片之间形成一层均匀无气泡的液膜，装载于样品架上，测定丙三醇的红外吸收光谱图。

加热液膜法：在红外灯下，取适量丙三醇滴在溴化钾窗片上，于 105 ℃加热 15 min，然后用另一片溴化钾窗片夹住，制得液膜，趁热扫描丙三醇红外吸收光谱图。

(4) 谱图处理及检索

按顺序依次单击"Absorb"按钮、"Aut Bsln"按钮、"％Trans"按钮，选择峰为正的峰，单击"clear"。单击"process"按钮、"smooth"按钮，可选择 25 光滑图谱，选择有毛刺的峰，单击"clear"。点击"View"菜单中的"Display Setup"，勾选"Sample information""Company name""Title of spectrum"。单击"Find pks"按钮，查找和显示图谱的峰值。点击"Clipboard"，复制数据到一个新建的文本里。单击"replace""copy"，把红外图谱粘贴到文本里。点击"File"菜单中的"save as"保存数据(SPA，CSV 两种格式)。

在红外光谱仪自带的谱图库中进行检索，检出相关度较大的已知物的标准谱图，对样品的谱图进行解读，参考标准谱图得出鉴定结果。

(5) 关机

测定工作完毕后，从光路上取出样品架，点击软件 EZ OMNIC 中"File"菜单中的"Exit"退出软件,关闭红外主机、计算机、稳压器电源,用防尘布盖好仪器并做好使用情况登记。按要求将溴化钾窗片、样品架等清洗干净,妥善保管。

【数据处理】

(1) 比较液膜法和加热液膜法测得的丙三醇红外光谱图在 1 645 cm^{-1} 处的区别,并与标准谱图比较。

(2) 在获得的红外光谱图上,从高波数到低波数依次标出各特征吸收峰的波数,并根据丙三醇的分子结构,指出各特征吸收峰属于何种基团的哪种形式的振动,解析丙三醇的红外光谱。数据填入表 2-3。

表 2-3 丙三醇的红外光谱解析

原子基团的基本振动形式	基频峰的波数/cm^{-1}

【注意事项】

(1) 试样中不应含有游离水。水分的存在不仅会侵蚀吸收池的盐窗,而且水本身在红外区 3 400 cm^{-1}、1 640 cm^{-1} 处有吸收,使测得的光谱图变形,干扰试样的光谱测定。

(2) 试样的浓度和测试厚度应选择适当,以使光谱图中的大多数吸收峰的透射比处于 10%～80% 范围,光谱的最强吸收峰吸光度在 0.5～1.4 或透射率在 4%～30% 间比较合适。

(3) 窗片材料在选择时需要兼顾材料的透光范围及特性等多种因素。对于有机液体试样,最常使用的是溴化钾窗片,透光范围为 48 800～345 cm^{-1},可覆盖整个中红外波段,但是其溶于水,不适合测试水溶液样品。测试水溶液样品可选用氟化钙或氟化钡窗片,二者均不溶于水,但对于低波数端,氟化钙窗片的红外光的透光范围在 900 cm^{-1} 左右,氟化钡窗片透光范围在 700 cm^{-1} 左右。虽然氟化钙的透光范围比氟化钡窄,但是氟化钙耐酸耐碱,可用于高压测试且价格比氟化钡便宜。

【思考题】

(1) 液体样品测试时,如样品中含有水应该如何操作?

(2) 红外吸收光谱测试时,为什么要做背景扣除?

2.5 傅里叶变换红外光谱仪性能测试

【实验目的】

(1) 掌握傅里叶变换红外光谱仪的工作要求。
(2) 掌握傅里叶变换红外光谱仪性能测试方法。

【实验原理】

傅里叶变换红外光谱仪(以下简称仪器,FT-IR)是利用干涉调频的工作原理,根据干涉图和光谱图之间的对应关系,通过测量干涉图和对干涉图进行傅里叶变换来获得光谱图。仪器由光学系统和数据处理系统两部分组成,主要性能指标有分辨率、信噪比、稳定性、波数和光度重复性、波数与透过率准确度、本底光谱能量分布。

红外光谱分辨率(resolution,以 $\Delta \nu$ 表示)是 FT-IR 非常重要的性能指标,指能分开红外光谱图中相邻两个谱峰的能力,它是由仪器干涉仪动镜的移动距离决定的。根据干涉仪的工作原理,通过光程差的数学计算,分辨率近似等于最大光程差的倒数,也就是动镜移动有效距离 2 倍的倒数,如一台仪器的动镜移动有效距离为 4 cm,则这台仪器的最大分辨率为 0.125 cm^{-1}。动镜移动有效距离越长,分辨率越高,分辨率的数值越小。分辨率过低时,相邻的两个谱峰重叠在一起而无法区分,降低了谱图的特征性。分辨率并非越高越好,因为为了获得较高的分辨率需要限制光束的孔径,会导致光通量降低,噪声增加。红外光谱仪的分辨率分档次,通常不是连续可调的。仪器能够达到的最佳分辨率的档次有 64 cm^{-1}、32 cm^{-1}、16 cm^{-1}、8 cm^{-1}、4 cm^{-1}、2 cm^{-1}、1 cm^{-1}、0.5 cm^{-1}、0.25 cm^{-1}、0.125 cm^{-1} 和 0.062 5 cm^{-1} 等。按分辨率的大小可将仪器划分为通用型、分析型、研究型、高级研究型四个等级,具体划分见表 2-4。

表 2-4 傅里叶变换红外光谱仪分类

仪器类型	分辨率
通用型	大于 1 cm^{-1}
分析型	1~0.5 cm^{-1}
研究型	0.5~0.1 cm^{-1}
高级研究型	小于 0.1 cm^{-1}

(1) 信噪比 (singal-to-noise ratio, SNR)

信噪比是信号与噪声的比值，也是 FT-IR 非常重要的技术指标。信噪比又分为仪器本身的信噪比和实测光谱的信噪比。实测光谱的信噪比是指试样吸收峰强度与基线噪声的比值，是利用红外光谱进行化合物实际检测鉴定工作时所应考虑的干扰因素，与具体工作条件有关，因此无固定计算方法。仪器本身的信噪比是衡量仪器自身性能高低的主要指标之一，仪器自身信噪比的测定要在相同参数条件下才有可比性，影响信噪比的主要测试参数有扫描时间、分辨率、光通量等，另外仪器自身所配检测器的性能也是影响信噪比的重要因素。信噪比与扫描次数、分辨率数值、光通量成正比，装配灵敏度高、性能较好的检测器的仪器信噪比较高。红外光谱仪的信噪比可以用 $100\%\tau$ 线噪声水平来衡量。在扫描背景光谱后，不放置任何样品再进行光谱扫描，即可得到仪器的 $100\%\tau$ 线噪声。

(2) 稳定性

稳定性也是衡量红外光谱仪性能好坏的一项非常重要的技术指标。只有仪器的稳定性好，测定的结果才能重复，特别是对于红外定量分析，更需要仪器稳定性作为前提。仪器稳定性可通过测量基线的重复性和基线的倾斜程度来判定。

(3) 波数和光度重复性

波数和光度重复性是获得准确结果的前提。可通过每隔 10 min 共测 6 次标准聚苯乙烯薄膜在 $3\,027\ cm^{-1}$、$2\,851\ cm^{-1}$、$1\,601\ cm^{-1}$、$1\,028\ cm^{-1}$、$907\ cm^{-1}$ 附近 5 个吸收峰的峰位置和峰强度，来检定仪器波数和光度的重复性。

(4) 波数和透过率准确度

红外光谱仪对化合物进行鉴定，目的是要获得化合物的真实红外吸收位置，如果红外吸收测定的波数不准确，那么所做的工作就没有意义，甚至会导致鉴定结果错误。红外光谱测试结果的准确度包括两个方面：一是波数（横坐标）准确度；二是透过率（纵坐横）准确度。由于傅里叶变换红外光谱仪中使用 He-Ne 激光控制干涉仪的移动速度与采样位置，因此，该激光的 632.8 nm 波长同时也可以作为参照标准对波数误差进行一定程度的校正。仪器的波数误差可以通过已知准确吸收峰位置的物质进行校正，如有些仪器中内置了某些参考物质，方便校正操作，提高了测量结果的波数准确度。

参照 JJG 001—1996《傅里叶变换红外光谱仪检定规程》，可通过测定 0.03 mm 标准聚苯乙烯薄膜的红外光谱，测定波数准确度和透过率准确度。

(5) 本底光谱能量分布

背景单光束谱图反映了整体光通量的高低与各个波数处的能量分布。背景单光束谱图最大值对应的波数越大,在整个光谱范围内的辐射能量也越大。参照国家标准 GB/T 21186—2007《傅立叶变换红外光谱仪》,对本底光谱能量分布要求 4 000 cm^{-1} 处能量值应不小于最高点能量值的 20%。参照 JJG 001—1996《傅里叶变换红外光谱仪检定规程》,要求仪器能量值项单光谱最高值/最低值为 3∶1~5∶1。

【仪器与试剂】

仪器:傅里叶变换红外光谱仪,稳压电源,除湿机,空调。

试剂:0.03 mm 标准聚苯乙烯薄膜,内部充有一氧化碳气体(纯度大于 99.9%)的 100 mm 气体池,真空装置。

【实验步骤】

(1) 仪器开机及诊断

开机前先检查室内的温度(18~25 ℃)及湿度(60%以下)是否符合要求,并检查样品室内有无异物,拿出样品室里的干燥剂。打开稳压电源、红外光谱仪电源,预热 30 min。打开电脑,双击桌面 EZ OMNIC 彩色三菱形徽标,仪器会自动进行自检,待软件右上角出现绿色的"√"表示软件与主机连接成功。点击菜单栏选择"Collect-Advanced Diagnostices"按钮,弹出 Avatar 370 Diagnostices V7.3 界面,点击"Performance Test",单击检测器图标后仪器自动进入检测器噪声检测。检测器噪声检测需要几分钟的时间,检测结束后会弹出 2 200~2 100 cm^{-1} 波数内的噪声检测结果。

(2) 分辨率测定

傅里叶变换红外光谱仪的分辨率检测方法按照仪器分辨率大小分为三种。

研究型(包括研究型和高级研究型)仪器分辨率(数值小于 0.5 cm^{-1})可通过测定一氧化碳(CO)的红外光谱进行检定。仪器测试参数设定:分辨率选仪器标示的最高分辨率,设定光阑于最小状态,扫描次数为 32,切趾函数为 Boxcar,光谱测定范围为 2 300~2 000 cm^{-1}。将 100 mm 长的红外气体池抽真空,测定真空红外气体池的单光束光谱为背景光谱,然后通入 CO 气体,当压力达到特定压强(见表 2-5)时,将气体池密封好,测定气体池内 CO 的红外光谱,测定 2 103.25 cm^{-1}、2 107.45 cm^{-1}、2 193.36 cm^{-1} 处吸收峰的半高宽,对应的波数值即为仪器的实测分辨率。

表 2-5 CO 气体检定不同分辨率的气体压强

分辨率/cm^{-1}	1.00	0.50	0.10	0.05	0.01
压强 $P/(10^2$ Pa)	100	40	12	7	2

注:高分辨仪器可以从仪器的最高分辨率开始检定,达到指标后,低分辨率可以免检。

普通型(包括通用型和分析型)仪器分辨率(数值大于 0.5 cm^{-1})可通过测定水蒸气的红外光谱进行检定。仪器测试参数设定:分辨率选仪器标示的最高分辨率,设定光阑于最小状态,扫描次数为 32,切趾函数为 Boxcar,光谱测定范围为 2 000～1 300 cm^{-1}。在样品室以空气为空白的情况下测定背景的单光束光谱,然后打开样品室,往样品室内吹入一口气,使样品室内水蒸气浓度增加,关闭样品室,测定此时室内水蒸气样品的红外吸收光谱,在 1 900～1 700 cm^{-1} 区域选择其中一个独立、对称的水蒸气吸收峰,测定其半高宽,即为该仪器的最高分辨率。

日常使用的傅里叶变换红外光谱仪的分辨率大于 2 cm^{-1},可采用标准聚苯乙烯薄膜测定其分辨率。分辨率的选择是由样品的物理性状和分析目的决定的。大部分固体、液体振动吸收峰的半高宽都在 4 cm^{-1} 以上,因此对于中红外光谱来说,固体和液体样品测试推荐选择 4 cm^{-1} 或 8 cm^{-1} 的分辨率;而气体样品因为可以观察到分子的转动,所以推荐选择 2 cm^{-1} 或者更优的分辨率。分辨率越高,谱图的噪声也越大,因而需要增加扫描次数以提高信噪比。

本次实验中傅里叶变换红外光谱仪分辨率设定为 4 cm^{-1},扫描 5 次,测定厚度约为 0.03 mm 聚苯乙烯膜法的红外光谱图。图谱要求在 3 110～2 850 cm^{-1} 应能清晰地分辨出 7 个峰,峰 2 850 cm^{-1} 与谷 2 870 cm^{-1} 之间的分辨深度不小于 18% 透光率,峰 1 583 cm^{-1} 与谷 1 589 cm^{-1} 之间的分辨深度不小于 12% 透光率。

(3) 信噪比的测定

仪器本身信噪比常用透射率表示。以样品室中的空气测定背景的单光束光谱,再在相同仪器测试参数条件下,不放置任何样品进行光谱扫描。将扣除背景的单光束光谱所得的红外光谱转换为透射率光谱,即可得到仪器的 100%τ 线。由于各种噪声的影响,实测的 100%τ 线并非为一条直线。100%τ 线的透过率在不同波数下的变异程度反映了仪器的噪声水平。噪声水平可用峰-峰值和均方根值表示。国家标准 GB/T 21186—2007《傅立叶变换红外光谱仪》对仪器的 100%τ 线噪声的要求见表 2-6,测量 4 100～4 000 cm^{-1}、2 200～2 100 cm^{-1}(或 2 100～2 000 cm^{-1})、1 000～900 cm^{-1} 的数据点的透过率所组成的集合的标准差。

表 2-6　100%τ 线噪声

波数范围/cm^{-1}	均方根值
4 100～4 000	≤1:2 500
2 200～2 100(或 2 100～2 000)	≤1:8 000
1 000～900	≤1:2 500

参照国家教育委员会编制的 JJG 001—1996《傅里叶变换红外光谱仪检定规程》,对各类型仪器的基线噪声要求见表 2-7。在 4 cm^{-1} 分辨率条件下,设定光阑于

最大值,扫描 5 次,以 2 100~2 000 cm^{-1} 区间 100%τ 线噪声的峰—峰值表示基线噪声。峰—峰值噪声水平是 100%τ 线上一定波数区域内所有数据点的透过率最大值与最小值的极差 ΔT。100%τ 线中峰—峰值仅靠两个数据点决定,存在较大的波动,所以采用均方根值来评价仪器的噪声水平更准确。

表 2-7 各类型仪器的基线噪声

仪器	基线噪声(2 100~2 000 cm^{-1} 的峰—峰值)
研究型	6 000∶1
分析型	4 000∶1
通用型	2 000∶1 以上

红外光谱仪的仪器信噪比可以表示为

$$SNR = \frac{100}{\text{透过率极差}} \qquad (2-2)$$

或

$$SNR = \frac{100}{\text{透过率标准差}} \qquad (2-3)$$

(4) 稳定性的测定

待仪器稳定后,用 4 cm^{-1} 分辨率测定 100%τ 线,扫描范围为 4 000~400 cm^{-1},每隔 10 min 测定一次,共测定 6 次,将 6 条测定得到的 100%τ 线显示在同一窗口界面上。中红外取 2 100~2 000 cm^{-1} 的峰—峰值。B_{max} 为 6 个最高值中的最大值,B_{min} 为 6 个最低值中的最小值。基线重复性应优于 99.5%。

$$\text{基线重复性} = 100\% - (B_{max} - B_{min}) \qquad (2-4)$$

按照上述方法,计算检定波数范围两端截止区内 100 波数范围的基线值。取一端 6 次测量中最大值与另一端最小值之差作为基线斜率,该值应小于 0.3%。

(5) 波数和光度重复性的测定

待仪器稳定后,分辨率设定为 4 cm^{-1},扫描范围为 4 000~400 cm^{-1},测定 0.03 mm 标准聚苯乙烯薄膜的吸收光谱,每隔 10 min 测定一次,共测定 6 次,对 3 027 cm^{-1}、2 851 cm^{-1}、1 601 cm^{-1}、1 028 cm^{-1}、907 cm^{-1} 附近 5 个吸收峰的峰位置和峰强度进行分析。同一峰 6 组数据对应吸收峰的位置相差应不超过 0.01 cm^{-1},透过率相差应不超过 0.03%。

(6) 波数和透过率准确度的测定

波数准确度测定:设定分辨率为 4 cm^{-1},测量 0.03 mm 标准聚苯乙烯薄膜的红外光谱,扫描 5 次。计算各谱带的波数值,应符合表 2-8 所列值。需要特别注意的是,谱带位置相对于标准值发生位移时,只能所有谱带同时向高频或低频位移。

表 2-8 聚苯乙烯薄膜标准峰值

编号	1	2	3	4	5
峰值/cm^{-1}	3 102.0±0.5	3 027.1±0.3	2 924.0±4	2 850.5±0.3	1 944.0±1.0
编号	6	7	8	9	10
峰值/cm^{-1}	1 601.4±0.3	1 583.1±0.3	1 181.4±0.3	1 154.3±0.3	1 069.1±0.3
编号	11	12	13	14	
峰值/cm^{-1}	1 028.0±0.3	906.7±0.3	699.5±0.5	540.3±0.5	

透过率准确度检定:设定分辨率为 4 cm^{-1},测量 0.03 mm 标准聚苯乙烯薄膜的红外光谱,扫描 5 次。要求 2 924 cm^{-1} 峰的透过率变动应小于 0.1%。

(7) 本底光谱能量分布

待仪器稳定后,设定分辨率为 4 cm^{-1},扫描范围为 4 000～400 cm^{-1},扫描次数为 32。将仪器测量的干涉图值调整到最大,检测器此时不应饱合过载;测量单光谱图,其图应平滑;谱峰最高值与高频截止部位谱峰高的比值,研究型光谱仪应小于 4∶1,通用型光谱仪应小于 5∶1。

(8) 仪器关机

测定工作完毕后,从光路上取出样品架,点击软件 EZ OMNIC 中"File"菜单下的"Exit"退出软件,关闭红外主机、计算机、稳压器电源,用防尘布盖好仪器并做好使用情况登记。

【数据处理】

红外光谱仪性能指标列于表 2-9。

表 2-9 红外光谱仪性能指标

项目	实测值	标准值	判定
分辨率			
信噪比			
稳定性			
波数和光度重复性			
波数和透过率准确度			
仪器能量值			

【注意事项】

(1) 仪器应有下列标志:仪器名称、型号、制造厂名、出厂日期和仪器编号。使用说明书应齐全。仪器及附属设备外观应完好无损,连接牢固。特别要注意,应有清楚醒目的警示标志。

(2) 生产傅里叶变换红外光谱仪的公司在供货时一般会提供标准聚苯乙烯薄膜给用户,标准聚苯乙烯薄膜应避光、干燥保存。

(3) 红外光谱仪在维护使用中特别需要注意环境温度、湿度、空气中二氧化碳含量,应保证仪器供电稳定,无振动。

【思考题】

(1) 红外光谱仪在使用前为什么要先预热?

(2) 怎么维护红外光谱仪?

第 3 章

紫外-可见吸收光谱分析实验

3.1 基本原理

紫外-可见吸收光谱法是一种分子吸收光谱法,是利用物质对波长为 10～800 nm 的电磁波存在特征吸收从而进行定性或者定量分析的一种方法,又称紫外-可见分光光度法。

由量子理论可知,分子中各能级差(ΔE)为定值,ΔE 为激发态的能量(E_e)与基态能量(E_g)之差,即

$$\Delta E = E_e - E_g = h\upsilon = h\frac{c}{\lambda} \tag{3-1}$$

式中,h 为普朗克常数,其值为 6.63×10^{-34} J·s;υ 为频率;c 为光速;λ 为波长。

当外界辐射能量为 ΔE 时,分子中的价电子会吸收能量从基态跃迁至激发态。由于不同分子内部结构不同,不同分子从基态跃迁至激发态所需要的能量不同。换言之,不同分子价电子会吸收不同波长的光发生跃迁。

3.2 仪器结构

紫外-可见分光光度计主要包括光源、单色器、比色皿、检测系统和分析系统五部分。光源的作用是提供分子价电子跃迁的能量,主要包括氘灯和钨灯。氘灯可以发射波长为 190～400 nm 的电磁波,适用于紫外光区;钨灯可以提供波长为 350～800 nm 的电磁波,适用于可见光区。单色器的作用是将不同波长的光按照波长顺序排列,主要包括棱镜和光栅。棱镜分光的依据是不同波长的光在棱镜中的折射率不同;而光栅是利用不同波长的光在光栅表面产生衍射和干涉不同而进行分光。比色皿的作用是盛放试液,主要分为玻璃比色皿和石英比色皿,其中玻璃比色皿只适用于可见光区,石英比色皿适用于紫外-可见光区。检测系统的作用是将光信号转化为电信号,主要分为光电管和光电倍增管。分析系统的作用是绘制吸收曲线和数据分析。

3.3 紫外-可见吸收光谱测定溶液中铁离子的含量

【实验目的】

(1) 熟悉紫外-可见分光光度法的基本原理。

(2) 了解紫外-可见分光光度计的组成和操作。
(3) 掌握紫外-可见分光光度法定量分析的依据和标准曲线的绘制。

【实验原理】

朗伯-比尔定律是紫外分光光度法进行定量分析的依据。假设一束强度为 I_0 的入射光照射均匀溶液时，透过溶液的光的强度为 I，溶液对于光的吸收程度符合朗伯-比尔定律，即

$$A = \lg \frac{I_0}{I} = kbc \tag{3-2}$$

式中，I_0 为入射光强度；I 为透过光的强度；k 为常数，与溶液性质、温度和入射光的波长等因素有关；b 为比色皿的厚度，c 为溶液浓度。$\lg(I_0/I)$ 定义为吸光度 (A)，表示溶液对于光的吸收程度。

当比色皿的厚度相同时，式(3-2)可以表示为

$$A = \lg \frac{I_0}{I} = k_1 c \tag{3-3}$$

式中，k_1 为常数。该式表明当比色皿的厚度相同时，溶液的吸光度与浓度成正比。

在酸性条件下 Fe^{2+} 可以与邻菲罗啉发生络合反应生成稳定的橙红色配合物，配合物吸收峰的位置位于 450~600 nm。Fe^{3+} 也可以与邻菲罗啉形成不稳定的蓝色配合物，为了消除溶液中 Fe^{3+} 对测试的影响，需要加入盐酸羟胺使其还原为 Fe^{2+}。

【仪器与试剂】

仪器：岛津 UV-2600 紫外-可见分光光度计，电子天平，50 mL 容量瓶若干，移液管，烧杯，胶头滴管。

试剂：氯化亚铁，质量分数为 0.1% 的邻菲罗啉溶液，质量分数为 10% 的盐酸羟胺溶液，1 mol/L 的醋酸钠溶液，去离子水。

【实验步骤】

(1) 开机

打开岛津 UV-2600 紫外-可见分光光度计电源开关，预热 30 min，打开电脑主机开关，打开桌面操作软件。

(2) 最大吸收波长的选择

配制 0.05 mol/L 的铁标准溶液；用移液管分别移取 0 mL 和 5 mL 铁标准溶液至两个 50 mL 容量瓶中，两个容量瓶均加入 2.5 mL 质量分数为 10% 的盐酸羟胺溶

液、5 mL 质量分数为 0.1%的邻菲罗啉溶液以及 5 mL 浓度为 1 mol/L 的醋酸钠缓冲溶液,加入去离子水定容并摇匀;以铁试剂空白样润洗比色皿三次,将空白样加入比色皿并测试其在波长为 450~600 nm 的吸光度;以铁标准溶液润洗比色皿三次,将铁标准溶液加入比色皿并测试其在波长为 450~600 nm 的吸光度,找出铁标准溶液在此波段的最大吸收波长(λ_{max})。

(3) 标准曲线的绘制

分别移取 2 mL、4 mL、6 mL、8 mL 和 10 mL 的铁标准溶液至 5 个 50 mL 容量瓶中,所有容量瓶均加入 2.5 mL 质量分数为 10%的盐酸羟胺溶液、5 mL 质量分数为 0.1%的邻菲罗啉溶液以及 5 mL 浓度为 1 mol/L 的醋酸钠缓冲溶液,加入去离子水定容并摇匀;分别测定以上浓度的 Fe^{2+} 标准溶液在波长为 λ_{max} 时的吸光度,每次测试前需用相应标准溶液润洗三次,绘制吸光度随 Fe^{2+} 浓度变化的标准曲线。

(4) 溶液中 Fe^{2+} 吸光度的测定

取 5 mL 的铁标准溶液至 50 mL 容量瓶中,分别加入如步骤(3)所述的盐酸羟胺溶液、邻菲罗啉溶液和醋酸钠缓冲溶液,加入去离子水定容并摇匀。用待测液润洗比色皿三次,测试待测液在 λ_{max} 时的吸光度,并计算待测液中 Fe^{2+} 的浓度。

(5) 关机

测试结束后,用去离子水清洗比色皿,关闭软件和电脑主机,关闭仪器。

【数据处理】

将不同浓度 Fe^{2+} 标准溶液的吸光度数据填入表 3-1。

表 3-1 不同浓度 Fe^{2+} 标准溶液的吸光度

浓度/(mol·L^{-1})	吸光度

最大吸收波长 $\lambda_{max}=$_____,$k=$_____,溶液中 Fe^{2+} 吸光度=_____,溶液中 Fe^{2+} 浓度=_____。

【注意事项】

(1) 比色皿中盛放液体的量一般至比色皿高度的 4/5 为宜;在取比色皿时手指

抓毛玻璃面,透光玻璃外的液体需要用擦镜纸擦拭。

(2) 每组试样至少测试 3 次,每次误差不能超过 0.5%,结果取平均值。

(3) 溶液吸光度在 0.3~0.7 为宜。

【思考题】

(1) 在标准溶液中加入盐酸羟胺溶液和醋酸钠溶液的作用分别是什么?

(2) 根据朗伯-比尔定律简单介绍引起吸收定律偏移的因素有哪些?

3.4 溶剂效应对紫外-可见吸收光谱的影响

【实验目的】

(1) 了解有机化合物分子中价电子跃迁类型。

(2) 掌握红移和蓝移的概念以及原因。

(3) 掌握溶剂效应对于紫外吸收光谱的影响。

【实验原理】

有机化合物分子的价电子根据分子轨道理论可以划分为 σ 电子、π 电子和非成键 n 电子。当分子吸收一定的能量,价电子从较低能量的轨道跃迁至反键轨道,其跃迁类型主要包括 σ→σ*、π→π*、n→π* 和 n→σ*,如图 3-1 所示。σ→σ* 和 n→σ* 跃迁以饱和有机化合物为主,由于此类跃迁所需能量较高,吸收峰一般出现在真空紫外区(10~200 nm)。π→π* 和 n→π* 跃迁以不饱和有机化合物为主,此类跃迁所需能量较低,吸收峰的位置通常大于 200 nm。

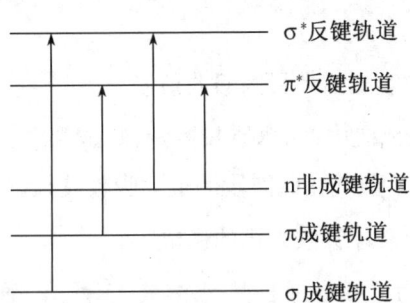

图 3-1 有机化合物分子中价电子种类和跃迁类型

当有机化合物分子处于气态时,该有机化合物的吸收光谱是由孤立的化合物分子引起的,此时可以清晰地表示出转动光谱和振动光谱所对应的化合物分子结构。当有机化合物溶于某种溶剂时,有机化合物分子的自由转动受到溶剂分子的限制,转动光谱很难表现出来。当有机化合物溶于极性较强的溶剂时,该有机化合物分子的振动光谱也会消失,同时会对价电子的基态和激发态产生如图3-2所示的影响。同一种有机化合物溶于不同的溶剂而导致最大吸收波长的位置发生改变的现象,称为溶剂效应。当最大吸收波长移向长波长时,为红移效应;当最大吸收波长移向短波长时,为蓝移效应。

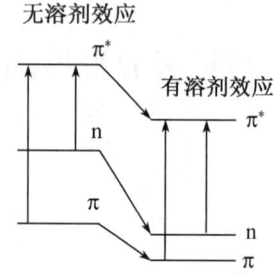

图3-2 溶剂对价电子跃迁能量的影响

【仪器与试剂】

仪器:岛津UV-2600紫外-可见分光光度计,容量瓶若干,移液管,烧杯,胶头滴管。

试剂:苯,超纯水,乙醇,丁酮,氯仿,正己烷,异亚丙基丙酮。

【实验步骤】

(1) 开机

打开岛津UV-2600紫外-可见分光光度计电源开关,预热30 min,打开电脑主机开关,打开桌面操作软件。

(2) 测定苯的紫外吸收光谱和最大吸收波长

移取0.2 mL苯至比色皿中,加热使苯挥发,测定苯蒸气在波长为200~350 nm时的紫外吸收光谱,找出苯蒸气在此波段的最大吸收波长。

(3) 溶剂效应对丁酮紫外吸收光谱的影响

分别配制体积分数为0.4%的丁酮/水溶液、丁酮/乙醇溶液和丁酮/氯仿溶液;分别以水、乙醇和氯仿作为参比,测定波长范围为200~350 nm时丁酮溶解于水、乙醇和氯仿溶剂中的紫外吸收光谱,找出丁酮在水、乙醇和氯仿溶剂中的最大吸收波长。

(4) 溶剂效应对异亚丙基丙酮紫外吸收光谱的影响

分别配制体积分数为2%的异亚丙基丙酮/水溶液、异亚丙基丙酮/氯仿溶液和异亚丙基丙酮/正己烷溶液;分别以水、氯仿和正己烷作为参比,测定波长范围为200～350 nm时异亚丙基丙酮溶解于水、氯仿和正己烷溶剂中的紫外吸收光谱,找出异亚丙基丙酮在水、氯仿和正己烷溶剂中的最大吸收波长。

(5) 关机

测试结束后,采用去离子水清洗比色皿,关闭软件和电脑主机,关闭仪器。

【数据处理】

(1) 观察并分析苯的结构,苯蒸气在此波段的最大吸收波长为_____。

(2) 将丁酮在不同溶剂中的最大吸收波长填入表3-2中。极性大小:水_____乙醇_____氯仿。丁酮在不同溶剂中最大吸收波长顺序:水_____乙醇_____氯仿。丁酮在不同溶剂中最大吸收波长的变化原因是_____。

(3) 将异亚丙基丙酮在不同溶剂中的最大吸收波长填入表3-2中。极性大小:水_____氯仿_____正己烷。异亚丙基丙酮在水、氯仿和正己烷中最大吸收波长顺序:水_____氯仿_____正己烷。异亚丙基丙酮在不同溶剂中最大吸收波长的变化原因是_____。

表3-2 丁酮和异亚丙基丙酮在不同溶剂中紫外光谱的最大吸收波长

样品	最大吸收波长/nm

【注意事项】

(1) 实验所用试剂若为分析纯,需要提纯后使用;也可直接使用光谱纯试剂。
(2) 该实验所用比色皿材质为石英。
(3) 每次测试前需用待测液将比色皿润洗3次。

【思考题】

(1) 有机化合物分子中价电子的跃迁种类有几种?各类跃迁的特点是什么?

(2) 从极性溶剂对于基态和激发态能量的影响,分析极性溶剂对 π→π* 跃迁产生红移和 n→π* 跃迁产生蓝移的现象。

(3) 除溶剂效应外,取代基也会造成吸收带的位置改变。若引入含有 N、S 等具有未共用电子对的基团,会对最大吸收波长造成什么影响?为什么?

3.5 分光光度法对铝增敏剂的选择

【实验目的】

(1) 了解紫外-可见分光光度计的组成和操作。
(2) 掌握增色效应和减色效应。
(3) 熟悉发生蓝移、红移、增色和减色的因素。

【实验原理】

铝是地壳中含量最多的金属,占整个地壳重量的 7.45%。地球上到处都有铝的化合物,在材料工业中,铝是硅酸盐材料、金属材料中的常见元素,铝的化学性质活泼,测定铝的含量,在工业生产中具有极其重要的意义。分光光度法测定微量铝,最常用的试剂有 8-羟基喹啉、二甲酚橙、铬天青 S 等,而铬天青 S 又可分别和多种表面活性剂配合,与铝形成三元络合物,从而提高测定的灵敏度。该实验考察和对比氯化十六烷基吡啶、十六烷基三甲基溴化铵和十四烷基二甲基苄基氯化铵三种表面活性剂,以及乳化剂 OP 对铬天青 S-铝络合物的增敏作用。

【仪器与试剂】

仪器:岛津 UV-2600 紫外-可见分光光度计,电子天平,50 mL 容量瓶若干,移液管,烧杯,胶头滴管。

试剂:2.0 μg/mL 的铝标准操作液,1 g/L 的铬天青 S 溶液(CAS),0.01 mol/L 的十四烷基二甲基苄基氯化铵溶液(TDBAC),0.01 mol/L 的十六烷基三甲基溴化铵溶液(CTMAB),0.01 mol/L 的氯化十六烷基吡啶溶液(CPC),体积分数为 1% 的乳化剂 OP,六次甲基四胺缓冲液,去离子水。

【实验步骤】

(1) 开机

打开岛津 UV-2600 紫外-可见分光光度计电源开关,预热 30 min,打开电脑主机开关,打开桌面操作软件。

(2) 铝-铬天青S的最大吸收波长

向2个50 mL容量瓶中分别加入0.0 mL和2.0 mL的2.0 μg/mL铝标准操作液,依次向各瓶中加入2 mL铬天青S溶液和5 mL六次甲基四胺缓冲液,用水稀释至刻度并摇匀,放置5 min。用1 cm比色皿,以空白稀释液为参比溶液,测试在500～800 nm波长范围内的紫外吸收光谱,得出其最大吸收波长λ_{max}。

(3) 表面活性剂的影响

取6个50 mL容量瓶,编号为1～6。1～3号容量瓶均加入0.0 mL铝标准操作液、2 mL铬天青S溶液和5 mL六次甲基四胺缓冲液,然后分别加入2 mL十六烷基三甲基溴化铵溶液、2 mL十四烷基二甲基苄基氯化铵溶液和2 mL氯化十六烷基吡啶溶液,最后用水稀释至刻度并摇匀。4～6号均加入2.0 mL铝标准操作液、2 mL铬天青S溶液和5 mL六次甲基四胺缓冲液,然后分别加入2 mL十六烷基三甲基溴化铵溶液、2 mL十四烷基二甲基苄基氯化铵溶液和2 mL氯化十六烷基吡啶溶液,最后用水稀释至刻度并摇匀。用1 cm比色皿。4号以1号为参比溶液,5号以2号为参比溶液,6号以3号为参比溶液,测试4～6号样品在500～800 nm波长范围内的紫外吸收光谱,得出其最大吸收波长λ_{max}。

(4) 乳化剂OP的影响

取6个50 mL容量瓶,编号为7～12。7～9号容量瓶均加入0.0 mL铝标准操作液、2 mL铬天青S溶液和5 mL六次甲基四胺缓冲液,然后分别加入2 mL十六烷基三甲基溴化铵和1 mL乳化剂OP混合液、2 mL十四烷基二甲基苄基氯化铵和1 mL乳化剂OP混合液、2 mL氯化十六烷基吡啶和1 mL乳化剂OP混合液,最后用水稀至刻度并摇匀。10～12号均加入2.0 mL铝标准操作液、2 mL铬天青S溶液和5 mL六次甲基四胺缓冲液,然后分别加入2 mL十六烷基三甲基溴化铵和1 mL乳化剂OP混合液、2 mL十四烷基二甲基苄基氯化铵和1 mL乳化剂OP混合液、2 mL氯化十六烷基吡啶和1 mL乳化剂OP混合液,最后用水稀释至刻度并摇匀。用1 cm比色皿。10号以7号为参比溶液,11号以8号为参比溶液,12号以9号为参比溶液,测试10～12号样品在500～800 nm波长范围内的紫外吸收光谱,得出其最大吸收波长λ_{max}。

(5) 关机

测试结束后,用去离子水清洗比色皿,关闭软件和电脑主机,关闭仪器。

【数据处理】

实验考察、比较了不同的表面活性剂对铝-铬天青S光吸收曲线的影响情况,其最大吸收峰位置和相应的吸光度值填入表 3-3 中。

表 3-3　表面活性剂和乳化剂对 Al^{3+} 吸光度和最大吸收波长的影响

络合物	最大吸光度	最大吸收波长/nm
Al-CAS		
Al-CAS-CTMAB		
Al-CAS-CTMAB-OP		
Al-CAS-TDBAC		
Al-CAS-TDBAC-OP		
Al-CAS-CPC		
Al-CAS-CPC-OP		

表面活性剂对 Al^{3+} 最大吸收波长的影响顺序：CTMAB＿＿＿＿TDBAC＿＿＿＿CPC。表面活性剂对 Al^{3+} 最大吸光度的影响顺序：CTMAB＿＿＿＿TDBAC＿＿＿＿CPC。

【注意事项】

(1) 保证每个待测样与参比样只存在一种不同的添加剂。

(2) 每组试样结果为 3 次的平均值，每次误差不能超过 0.5%。

(3) 溶液吸光度在 0.3～0.7 为宜。

【思考题】

(1) 表面活性剂与乳化剂使铬天青 S-铝二元络合物的最大吸收波长发生变化的原因是什么？

(2) 表面活性剂与乳化剂使铬天青 S-铝二元络合物的最大吸光度发生变化的原因是什么？

第 4 章
荧光分光光度法分析实验

4.1 基本原理

处于第一电子激发态最低振动能级的分子,跃迁到基态的任一振动能级时所发出的光辐射,称为分子荧光(如图4-1所示)。第一电子激发态最低振动能级的分子来源于两个方面。一是物质被一定波长的光照射时,分子受光能激发到第二电子激发态的某一振动能级上,处于该激发态的分子很快通过振动弛豫(同一电子激发态中不同能级间)而下降到第二电子激发态的最低振动能级,然后经过内转换(不同电子激发态间)及振动弛豫过程下降至第一电子激发态的最低振动能级。二是物质被一定波长的光照射时,分子受光能激发到第一电子激发态的某一振动能级上,处于该激发态的分子很快通过振动弛豫而下降到第一电子激发态的最低振动能级。

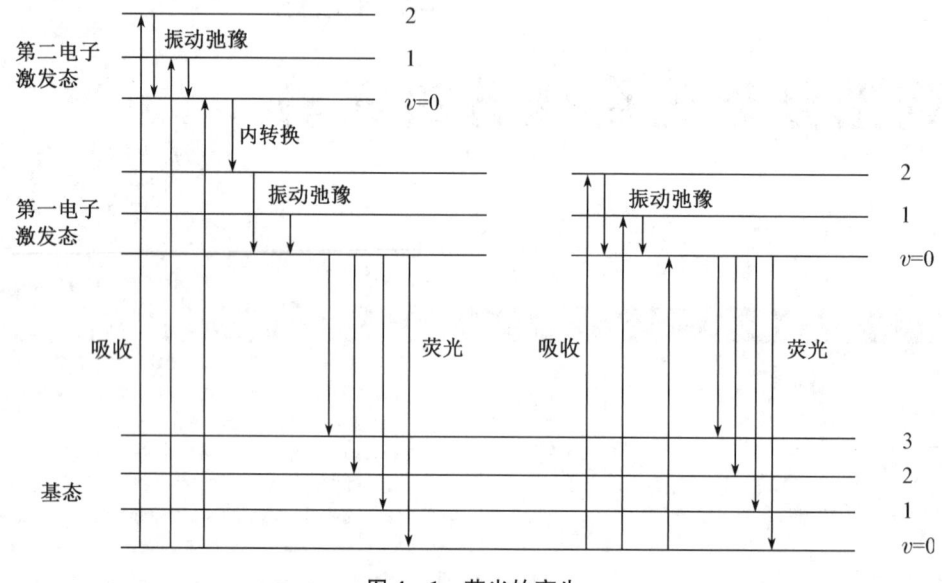

图4-1 荧光的产生

如果固定荧光的发射波长,不断改变激发光波长,以所测得的该发射波长下的荧光强度对激发光波长作图,即得到荧光化合物的激发光谱;如果固定激发光的强度和波长(一般固定在最大激发波长处),测定不同发射波长下的荧光强度,即得到发射光谱。测量荧光强度与相应的分析方法合称为分子荧光分析。

4.2 仪器结构

荧光分光光度计由激发光源、单色器(激发单色器和荧光单色器)、样品池及检测器组成。其结构示意图如图 4-2 所示。

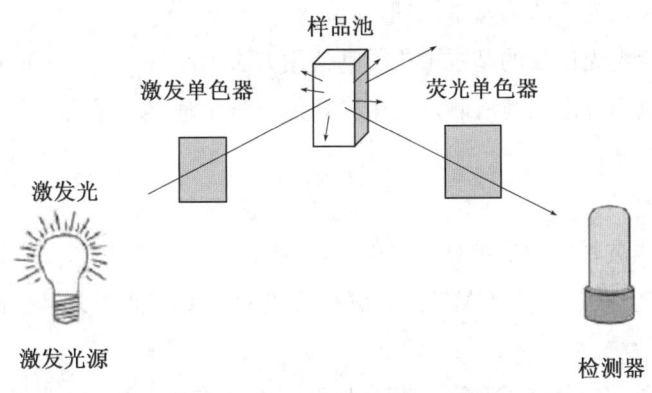

图 4-2　荧光分光光度计结构示意图

4.2.1 激发光源

激发光源的功能是提供具有一定能量的激发光。选择激发光源主要应考虑光源的稳定性和强度,光源的稳定性直接影响仪器的精密度和重复性,而光源的强度直接影响仪器的检出限和灵敏度。目前大部分荧光分光光度计选用高压氙弧灯作为激发光源。

4.2.2 单色器

荧光分光光度计具有两个单色器。一个单色器称为激发单色器,用于选择所需的激发波长,使之照射到被测试样上,置于激发光源和样品池之间;另一个单色器称为荧光单色器,用于分离出所需检测的荧光发射波长,置于样品池与检测器之间。分光光度计一般选用光栅作为单色器。

4.2.3 样品池

样品池用于盛装试样。通常选用弱荧光吸收的石英材质制成的方形或长方形池体。

4.2.4 检测器

检测器的作用是将采集到的光信号转化为清晰稳定的电信号。荧光的强度很弱,因此需要较高灵敏度的检测器,一般采用光电管或光电倍增管。

4.3 荧光光谱法测定维生素药片中维生素 B_2 的含量

【实验目的】

(1) 掌握荧光光谱法的基本原理。
(2) 了解荧光光谱仪的基本结构及其使用方法。
(3) 学会应用标准曲线法测定维生素药片中维生素 B_2 的含量。

【实验原理】

在紫外光或波长较短的可见光照射后,一些物质会发射出比入射光(紫外光或波长较短的可见光)波长更长的荧光。以测量荧光的强度和波长为基础的分析方法叫作荧光光度分析法。

对同一物质,在很稀的溶液中,荧光强度 F 与该物质的浓度 c 符合式(4-1):

$$F = Kc \tag{4-1}$$

式中,K 为常数。式(4-1)就是荧光光度分析法的定量基础。在低浓度的情况下,荧光物质的荧光强度与浓度呈线性关系。

维生素 B_2(又叫核黄素,简称 VB_2)是橘黄色无臭的针状结晶,易溶于水而不溶于乙醚等有机溶剂,在中性或酸性溶液中稳定,光照易分解,对热稳定。其结构式为

维生素 B_2 的主要生理功能是作为辅酶促进代谢。维生素 B_2 在 430～470 nm 激发光的照射下,发射出绿色荧光,其峰值波长为 530 nm 左右。维生素 B_2 的荧光强度在 pH 为 6～7 时最强。维生素 B_2 在碱性溶液中经光线照射会发生分解而转化为光黄素,光黄素的荧光比维生素 B_2 的荧光强得多,故测定维生素 B_2 的荧光时,溶液要控制在酸性范围内,且在避光条件下进行。

本实验采用标准曲线法测定维生素 B_2 的含量。

【仪器与试剂】

仪器：荧光分光光度计（日立 F-7000），真空干燥器，冰箱，容量瓶（若干），吸量管，洗耳球，胶头滴管，玻璃棒，烧杯。

试剂：维生素 B_2（食品级），去离子水，盐酸。

【实验步骤】

(1) 标准溶液配制

$100~\mu g/mL$ 维生素 B_2 标准储备液的配制：将维生素 B_2 标准品置于真空干燥器中干燥处理 24 h 后，准确称取 10 mg（精确至 0.1 mg）维生素 B_2 标准品，加入 2 mL 盐酸（1+1，即浓盐酸与去离子水的体积比为 1∶1）超声溶解后，立即转移并用去离子水定容至 100 mL。混匀后转移入棕色玻璃容器中，在 4 ℃冰箱中贮存。

在 5 个干净的 50 mL 容量瓶中，依次加入 1.00 mL，2.00 mL，3.00 mL，4.00 mL 和 5.00 mL 维生素 B_2 的标准储备溶液，用去离子水稀释至刻度，摇匀备用。

(2) 样品溶液的制备

取市售维生素 B_2 一片，用盐酸（1+1）溶解，立即转移并用去离子水定容至 1 000 mL。混匀后转移入棕色玻璃容器中。

准确吸取 2.50 mL 待测溶液置于 50 mL 容量瓶中，用去离子水稀释至刻度，摇匀备用。

(3) 操作方法

将稀释后的待测溶液，用日立 F-7000 荧光分光光度计扫描测定，选定最佳激发/发射波长，依次从稀到浓测量系列标准溶液和稀释后的待测溶液的荧光强度。具体方法见日立 F-7000 荧光分光光度计操作规程（第 10 章）。

【数据处理】

(1) 记录实验条件

实验条件记录到表 4-1。

表 4-1 实验条件记录表

项目	仪器型号	最佳激发波长/nm	最佳发射波长/nm
数值			

(2) 标准曲线的绘制

按照表 4-2 记录测得维生素 B_2 标准溶液的荧光强度，然后以荧光强度为纵坐标,以维生素 B_2 标准溶液的浓度为横坐标绘制标准曲线。

表 4-2 标准曲线绘制所需维生素 B_2 标准溶液的浓度和测得的荧光强度

样品编号	1	2	3	4	5
浓度/(μg·mL^{-1})					
荧光强度/%					

(3) 样品荧光强度的测定及市售维生素 B_2 药片中维生素 B_2 质量含量的计算

根据稀释后的待测溶液的荧光强度,在上述标准曲线上查得稀释后的待测溶液中维生素 B_2 的浓度(μg/mL)。根据稀释倍数,计算待测液中维生素 B_2 的含量,最后计算市售维生素 B_2 药片中维生素 B_2 质量分数,并与说明书中的含量对比,结果列于表 4-3。

表 4-3 维生素 B_2 溶液的荧光强度及计算浓度

项目	数值
荧光强度/%	
稀释后的待测溶液中 B_2 的浓度/(μg·mL^{-1})	
待测溶液中 B_2 的浓度/(μg·mL^{-1})	
市售维生素 B_2 的质量/g	
市售维生素 B_2 药片中维生素 B_2 的质量分数/%	
说明书中含量/%	

【注意事项】

(1) 正确使用容量瓶、吸量管,注意移液、定容操作的规范性。
(2) 正确使用和规范操作荧光分光光度计。
(3) 尽量减少样品对仪器样品室的污染。

【思考题】

(1) 荧光产生的原理是什么?
(2) 根据荧光光谱的原理,如何选择最佳的实验条件?
(3) 采用标准曲线法进行定量分析的前提条件是什么?
(4) 测定含量与说明书中含量相差比较大,可能的原因是什么?

4.4 荧光光谱法测定吲哚菁绿的含量

【实验目的】

(1) 学习和掌握荧光光度分析法测定吲哚菁绿的基本原理和方法。
(2) 学习荧光激发和发射波长的选择方法。
(3) 掌握荧光分光光度计的使用方法。
(4) 掌握荧光发光的原理。

【实验原理】

吲哚菁绿(indocyanine green)为诊断用药,是用来检查肝脏功能和肝有效血量的染料药。其结构式为

物质在吸收入射光的过程中,光子的能量传递给了物质分子。分子被激发后,发生了电子从较低能级到较高能级的跃迁。处于这种激发状态的分子,称为电子激发态分子。处于激发态的分子不稳定,可能通过辐射跃迁和非辐射跃迁(包括振动弛豫、内转化)的衰变过程而返回基态。辐射跃迁的衰变过程伴随着光子的发射,即产生荧光。

同一物质,当样品浓度较低时,荧光强度 F 与该物质的浓度 c 呈线性关系。即

$$F = Kc \tag{4-2}$$

式中,K 为常数。

本实验采用标准曲线法测定吲哚菁绿的含量。

【仪器与试剂】

仪器:荧光分光光度计(日立 F-7000),真空干燥器,冰箱,容量瓶(若干),吸量管,洗耳球,胶头滴管,玻璃棒,烧杯。

试剂:吲哚菁绿,去离子水,待测溶液。

【实验步骤】

(1) 标准溶液配制

100 μg/mL 吲哚菁绿标准储备液的配制：准确称取 10 mg（精确至 0.1 mg）吲哚菁绿标准品，用去离子水溶解后，转移并定容至 100 mL。

在 5 个干净的 50 mL 容量瓶中，依次加入 1.00 mL、2.00 mL、3.00 mL、4.00 mL 和 5.00 mL 吲哚菁绿的标准储备溶液，用去离子水稀释至刻度，摇匀备用。

(2) 样品溶液的制备

准确吸取 2.50 mL 待测溶液置于 50 mL 容量瓶中，用去离子水稀释至刻度，摇匀备用。

(3) 操作方法

将稀释后的待测溶液，用日立 F-7000 荧光分光光度计扫描测定，选定最佳激发/发射波长。

依次从稀到浓测量系列标准溶液和稀释后的待测溶液的荧光强度。具体方法见日立 F-7000 荧光分光光度计操作规程（第 10 章）。

【数据处理】

(1) 记录实验条件

实验条件记录到表 4-4。

表 4-4 实验条件记录表

项目	仪器型号	最佳激发波长/nm	最佳发射波长/nm
数值			

(2) 标准曲线的绘制

按照表 4-5 记录测量的吲哚菁绿标准溶液的荧光强度，然后以荧光强度为纵坐标，以浓度为横坐标绘制标准曲线。

表 4-5 标准曲线绘制所需吲哚菁绿标准溶液的浓度和测得的荧光强度

样品编号	1	2	3	4	5
浓度/($\mu g \cdot mL^{-1}$)					
荧光强度/%					

(3) 样品荧光强度的测定及吲哚菁绿含量的计算

根据稀释后的待测溶液的荧光强度，在上述标准曲线上查得稀释后的待测溶液中吲哚菁绿的浓度（μg/mL）。根据稀释倍数，计算待测液中吲哚菁绿的含量，结果列于表 4-6。

表 4-6　吲哚菁绿溶液的荧光强度及计算浓度

项目	数值
荧光强度/%	
稀释后的待测溶液中吲哚菁绿的浓度/(μg·mL^{-1})	
待测溶液中吲哚菁绿的浓度/(μg·mL^{-1})	

【注意事项】

(1) 容量瓶、吸量管的正确使用及移液、定容操作的规范性。

(2) 荧光光谱仪的正确使用和规范操作。

【思考题】

(1) 荧光是如何产生的？

(2) 分子荧光的激发光谱和发射光谱的区别是什么？

(3) 标准曲线法使用时的注意事项有哪些？

4.5　荧光光谱法测定水环境样品中苯酚的含量

【实验目的】

(1) 掌握荧光光谱法的原理。

(2) 学习标准曲线法测定样品中含量的方法。

(3) 学会利用荧光光谱法测定水样中苯酚的含量。

【实验原理】

苯酚（phenol）是一种有机化合物，是具有特殊气味的无色针状晶体，有毒，是生产某些树脂、杀菌剂、防腐剂以及药物的重要原料。苯酚有腐蚀性，接触后会使局部蛋白质变性。在 2017 年世界卫生组织国际癌症研究机构公布的致癌物清单中，苯酚在 3 类致癌物清单中。苯酚在不同酸度下具有不同的荧光激发波长和发射波长，苯酚在 pH 为 1~8 时荧光较强。因此，通过控制溶液酸度，改变激发波长和发射波长，可实现用荧光法直接测定水环境中苯酚的含量。

【仪器与试剂】

仪器：荧光分光光度计(日立 F-7000)，酸度计，容量瓶(若干)，吸量管，洗耳球，胶头滴管，玻璃棒，烧杯。

试剂：苯酚，0.2 mol/L 的 Na_2HPO_4 溶液，0.1 mol/L 的柠檬酸溶液，去离子水，待测溶液。

【实验步骤】

(1) pH=2.0 的缓冲溶液的配制

取 0.40 mL 0.2 mol/L 的 Na_2HPO_4 溶液与 19.60 mL 0.1 mol/L 的柠檬酸溶液在烧杯中混合均匀，即为 pH=2.0 的缓冲溶液。

(2) 标准系列溶液的配制

100 μg/mL 苯酚标准溶液的配制：准确称取新蒸馏的苯酚 0.01 g，定容于 100 mL 容量瓶。

在 5 个洁净的 50 mL 容量瓶中，依次移入 0.1 mL、0.2 mL、0.3 mL、0.4 mL、0.5 mL 浓度为 100 μg/mL 的苯酚标准溶液，并分别移入 pH=2.0 的缓冲溶液 2.50 mL，用去离子水稀释至刻度，摇匀。

(3) 样品溶液的制备

准确吸取 2.50 mL 待测溶液置于 50 mL 容量瓶中，用去离子水稀释至刻度，摇匀备用。

(4) 操作方法

将稀释后的待测溶液，用日立 F-7000 荧光分光光度计扫描测定，选定最佳激发/发射波长。

依次从稀到浓测量系列标准溶液和稀释后的待测溶液的荧光强度。具体方法见日立 F-7000 荧光分光光度计操作规程(第 10 章)。

【数据处理】

(1) 记录实验条件

实验条件记录到表 4-7。

表4-7 实验条件记录表

项目	仪器型号	激发波长/nm	发射波长/nm
苯酚溶液			

(2) 标准曲线的绘制

按照表4-8记录测量的苯酚标准溶液的荧光强度,然后以荧光强度为纵坐标,以苯酚标准溶液的浓度为横坐标绘制标准曲线。

表4-8 标准曲线绘制所需苯酚标准溶液的浓度和测得的荧光强度

样品编号	1	2	3	4	5
浓度/($\mu g \cdot mL^{-1}$)					
荧光强度/%					

(3) 样品荧光强度的测定及苯酚浓度的计算

根据待测稀释液的荧光强度,在上述标准曲线上查得待测稀释液中苯酚的浓度($\mu g/mL$),结果列于表4-9。

表4-9 苯酚溶液的荧光强度及计算浓度

样品名称	苯酚
荧光强度/%	
稀释后的待测液中苯酚的浓度/($\mu g \cdot mL^{-1}$)	
待测溶液中苯酚的浓度/($\mu g \cdot mL^{-1}$)	

【注意事项】

(1) 容量瓶、吸量管的正确使用及移液、定容操作的规范性。
(2) 荧光光谱仪的正确使用和规范操作。
(3) 注意溶液配制时溶液的腐蚀性,必须做好安全防护措施。

【思考题】

(1) 本实验使用的实验方法是什么?使用时的注意事项是什么?
(2) 溶液的酸度不同,苯酚的最佳激发波长/发射波长的数值会发生什么变化?

第 5 章
原子吸收光谱分析实验

5.1 基本原理

原子吸收光谱法(atomic absorption spectroscopy)是基于气态原子可以对待测元素的特征谱线进行吸收,使气态原子的外层电子从基态跃迁到激发态的现象,而建立起来的一种定性、定量的分析方法。

原子吸收光谱法的原理如图 5-1 所示。首先基态分子受热变成基态原子,该过程被称为原子化,涉及原子与原子间键的断裂。然后通过吸收外部一定能量的光,基态原子跃迁到激发态(第一激发态、第二激发态、……、第 n 激发态),该过程称为原子吸收。当光源发射的待测元素的某一特征谱线的光通过一定厚度的含有基态原子的蒸气时,部分光被蒸气中的基态原子吸收,使入射光减弱。通过测定该特征谱线光被减弱的程度,即可求得试样中原子的含量。特征谱线因吸收而减弱的程度称为吸光度。

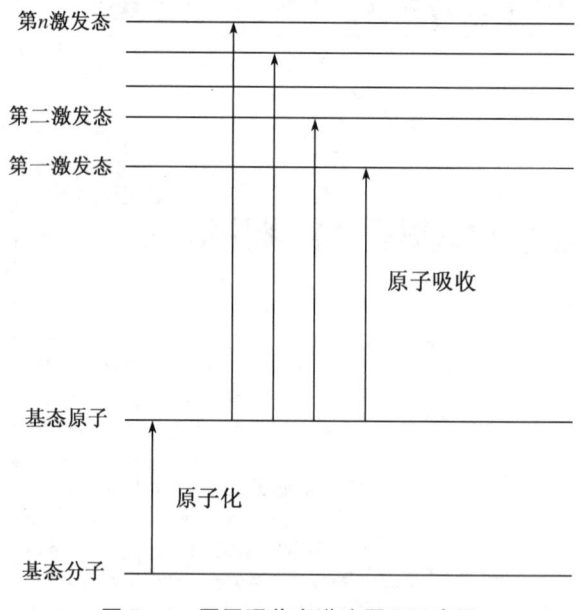

图 5-1　原子吸收光谱法原理示意图

当采用锐线光源作为光源进行原子吸收测试时,测得的吸光度与原子蒸气中待测元素的基态原子数呈线性关系。而基于玻耳兹曼(Boltzmann)方程,火焰中的激发态原子数远小于基态原子数,也就是说火焰中基态原子数占绝对多数,因此可用基态原子数代表吸收辐射的原子总数。即在线性范围内吸光度 A 与被测元素的浓度 c 成正比:

$$A(吸光度) = K(常数) \times c(试样浓度) \tag{5-1}$$

式(5-1)就是原子吸收光谱法进行定量分析的理论基础。

元素的原子结构和外层电子的排布各异,因此,原子从基态跃迁至激发态时所吸收的能量也有差异,从而导致原子对辐射光的吸收是有选择性的,各元素的共振吸收线具有不同的特征,可作为元素定性分析的依据。

5.2 仪器结构

原子吸收光谱仪由光源、原子化系统、光学系统及检测系统组成。结构示意图如图5-2所示。

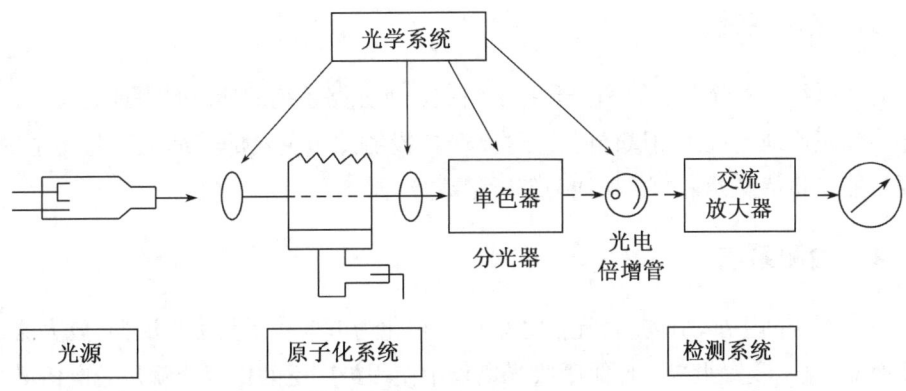

图 5-2 原子吸收光谱仪结构示意图

5.2.1 光源

光源的功能是发射待测元素的特征光谱。对光源的基本要求:能辐射待测元素的共振线,辐射强度要大、背景要低;发射的共振线的半宽度要明显小于吸收线的半宽度;稳定性要好,噪声一定要小于0.1%。目前,市面上符合上述要求、应用最广、最常见的光源就是空心阴极灯。

5.2.2 原子化系统

原子化系统的功能是提供能量,使试样干燥、蒸发,将试样中的待测元素转变成原子蒸气。原子化法主要有火焰原子化法和石墨炉加热原子化法。

(1) 火焰原子化法

火焰原子化法是在火焰温度的帮助下,将试样变为基态原子的方法。其装置包括雾化器、雾化室和燃烧器三个部分。试样经雾化器雾化,经雾化室去除较大的雾滴后,留下细小而均匀的雾滴进入燃烧器的火焰中,在火焰的温度作用下,形成基态原子。火焰原子化法是原子光谱分析中应用最早、至今仍被广泛应用的原子化方法。

(2) 石墨炉加热原子化法

石墨炉加热原子化法是在热的帮助下,将试样变为基态原子的方法。其装置是将一个石墨管固定在两个电极之间,管的两端开口,安装时使其长轴与原子吸收分析光束的通路重合。试样在低温(105 ℃)下蒸发去除试样的溶剂,在 350～1 200 ℃下去除有机化合物或低沸点无机化合物,在 2 400～3 000 ℃下将试样进行原子化,在高于原子化温度 100～200 ℃的温度下,去除残余物。与火焰原子化法比较,石墨炉加热原子化法的优点是可以分析多达 70 多种金属和类金属元素,绝对灵敏度高,升温速率高;而缺点是基体干扰、光辐射、背景吸收比较大,分析成本高,分析速度慢。

5.2.3 光学系统

光学系统由外光路系统和分光系统组成。外光路系统的功能是保证光源发出的共振线能正确地通过待测试样的原子蒸气,并投射到单色器的狭缝上。分光系统的主要功能是将待测元素的共振线与邻近谱线分开。

5.2.4 检测系统

检测系统的主要功能是将光信号采集后转化为电信号。其由检测器、放大器、对数变换器、显示装置组成。原子吸收光谱仪中使用最广泛的检测器就是光电倍增管,其工作原理是利用光电效应将光信号转化为电信号。

5.3 原子吸收光谱法测定矿泉水中钙的含量

【实验目的】

(1) 重温原子吸收光谱法的基本原理。
(2) 了解原子吸收光谱仪的基本结构及其使用方法。
(3) 学会应用标准曲线法测定矿泉水中钙的含量。

【实验原理】

如果要测定试样中钙离子的含量,应先将试液喷射成雾状进入燃烧火焰中(火焰原子化)或将试液注入石墨管中加热到 3 000 ℃以上,使离子原子化,得到钙原子蒸气。再用钙空心阴极灯做光源,辐射出钙特征谱线的光。当其通过一定厚度的钙原子蒸气时,部分光被蒸气中基态钙原子吸收而减弱。通过单色器和检测器测得钙特征谱线光被减弱的程度,即可求得试样中钙的含量。

在一定的实验条件下,基态原子蒸气对共振线的吸收符合式(5-2):

$$A = \varepsilon c l \tag{5-2}$$

当 l 以 cm 为单位,c 以 mol/L 为单位时,ε 称为摩尔吸收系数,单位为 mol/(L·cm)。如果控制 l 为定值,式(5-2)变为式(5-3):

$$A = Kc \tag{5-3}$$

式(5-3)就是原子吸收光谱法的定量基础。可用标准曲线法或标准加入法来测定未知溶液中某元素的含量。

【仪器与试剂】

仪器:原子吸收光谱仪(岛津 AA-6880),钙空心阴极灯,无油空气压缩机,乙炔钢瓶,250 mL 容量瓶,100 mL 容量瓶,吸量管,洗耳球,烧杯,分析天平。

试剂:无水碳酸钙,1 mol/L 的 HCl 溶液,浓盐酸,去离子水。

【实验步骤】

(1) 标准溶液的配制

100 μg/mL Ca 标准溶液(母液)的配置:在分析天平上迅速称取一定质量的无水碳酸钙固体放入洁净小烧杯中,用少量去离子水润湿,滴加 1 mol/L 的 HCl 溶液,直至完全溶解,然后把溶液转移到 250 mL 容量瓶中,用去离子水稀释至刻度,摇匀备用。

在 6 个干净的 100 mL 容量瓶中,分别加入盐酸 2.0 mL,然后依次加入 0.00 mL、1.00 mL、2.00 mL、3.00 mL、4.00 mL 和 5.00 mL 100 μg/mL 的 Ca 标准溶液,用去离子水稀释至刻度,摇匀备用。

(2) 样品溶液的制备

准确吸取 5.00 mL 矿泉水置于 50 mL 容量瓶中,用去离子水稀释至刻度,摇匀备用。

(3) 仪器的操作方法

具体操作方法见岛津 AA-6880 型火焰法原子吸收光谱仪操作规程(第 10 章)。

(4) 标准溶液和样品溶液的测定

根据实验条件,将原子吸收光谱仪按照操作步骤进行调节,待仪器电路和气路系统达到稳定,用空白溶剂进行仪器调零后即可测定以上各溶液的吸光度。

【数据处理】

(1) 记录实验条件

实验条件记录到表 5-1。

表 5-1 实验条件记录表

项目	数值
仪器型号	
吸收波长/nm	
空心阴极灯电流/mA	
光谱通带或光谱带宽/nm	
乙炔流量/(L·min^{-1})	
空气流量/(L·min^{-1})	

(2) 标准曲线的绘制

按照表 5-2 记录 Ca 标准溶液的浓度以及测得的吸光度,然后以吸光度为纵坐标,以 Ca 浓度为横坐标绘制 Ca 的标准曲线。

表 5-2 标准曲线绘制所需 Ca 标准溶液的浓度和测得的吸光度

样品编号	1	2	3	4	5	6
浓度/(μg·mL^{-1})						
吸光度/%						

(3) 根据矿泉水样品溶液的吸光度,在上述标准曲线上查得矿泉水中 Ca 的浓度(μg/mL),结果列于表 5-3。若经稀释需乘以稀释倍数,求得原始矿泉水中 Ca 含量。

表 5-3 矿泉水样品溶液的吸光度及计算浓度

项目	数值
吸光度/%	
稀释后的矿泉水中 Ca 的浓度/(μg·mL^{-1})	
原始矿泉水中 Ca 的浓度/(μg·mL^{-1})	

【注意事项】

(1) 原子吸收光谱仪涉及高温部分,应注意防止烫伤,且观察火焰时需要佩戴护目镜。

(2) 原子吸收光谱仪涉及易燃易爆气体的高压操作，必须严格按照仪器的操作规程操作仪器，不得随意改变操作顺序。

(3) 在点燃乙炔火焰之前，应先通助燃气(空气)，后通燃气(乙炔)，等待漏气检查完成后再点火；关机时，需要点击余气燃烧，提示火焰熄灭时先断乙炔气，再关闭空气压缩机。

【思考题】

(1) 原子吸收光谱仪为何要用待测元素的空心阴极灯做光源？
(2) 根据原子吸收光谱的原理，如何选择最佳的实验条件？
(3) 空白试剂的作用是什么？

5.4 原子吸收光谱法测定催化剂中铁的含量

【实验目的】

(1) 了解原子吸收光谱法的基本原理。
(2) 掌握原子吸收光谱仪的基本结构及使用方法。
(3) 学会应用标准曲线法测定催化剂中铁的含量。

【实验原理】

如果要测定试样中铁离子的含量，应先将试液喷射成雾状进入燃烧火焰中(火焰原子化)或将试液注入石墨管中加热到 3 000 ℃以上，使离子原子化，得到铁原子蒸气。再用铁空心阴极灯做光源，当它辐射出的铁特征谱线的光通过一定厚度的铁原子蒸气时，部分光被蒸气中基态铁原子吸收而减弱。通过单色器和检测器测得铁特征谱线光被减弱的程度，利用 $A=Kc$ 及标准曲线法，即可求得试样中铁的含量。

【仪器与试剂】

仪器：原子吸收光谱仪(岛津 AA-6880)，铁空心阴极灯，无油空气压缩机，分析天平，乙炔钢瓶，250 mL 容量瓶，100 mL 容量瓶，250 mL 烧杯，吸量管，洗耳球。

试剂：三氧化二铁(Fe_2O_3，光谱纯)，去离子水，浓盐酸(质量分数为 38%，AR)，浓硝酸(质量分数为 69%，AR)。

【实验步骤】

(1) 标准溶液配制

1 000 μg/mL Fe 标准溶液(母液)的配置:在分析天平上迅速称取一定量的烘干的三氧化二铁(光谱纯)固体放入 250 mL 烧杯中,加入盐酸溶液(1+1) 20 mL,加热至溶解完全。继续蒸发至小体积,冷却,加入盐酸 5 mL,加热使盐类溶解,移入 100 mL 容量瓶中,用去离子水定容,摇匀。

在 6 个干净的 100 mL 容量瓶中,分别加入盐酸 2.00 mL,然后依次加入 0.00 mL、1.00 mL、2.00 mL、3.00 mL、4.00 mL 和 5.00 mL 1 000 μg/mL 的 Fe 标准溶液(母液),用去离子水稀释至刻度,摇匀备用。

(2) 样品溶液的制备

称取 0.100 0 g Fe 含量约为 10% 的催化剂于烧杯中,用王水(浓盐酸与浓硝酸的体积比为 3∶1)溶解,直至固体完全溶解,然后把溶液转移到 250 mL 容量瓶中,用去离子水稀释至刻度,摇匀备用。

(3) 仪器的操作方法

具体方法见岛津 AA-6880 型火焰法原子吸收光谱仪操作规程(第 10 章)。

(4) 标准溶液和样品溶液的测定

根据实验条件,将原子吸收光谱仪按照操作步骤进行调节,待仪器电路和气路系统达到稳定,用空白溶剂进行仪器调零后即可测定以上各溶液的吸光度。

【数据处理】

(1) 记录实验条件

实验条件记录到表 5-4。

表 5-4 实验条件记录表

项目	数值
仪器型号	
吸收波长/nm	
空心阴极灯电流/mA	
光谱通带或光谱带宽/nm	
乙炔流量/(L·min^{-1})	
空气流量/(L·min^{-1})	

(2) 标准曲线的绘制

按照表 5-5 记录 Fe 标准溶液的浓度以及测量 Fe 标准溶液所得到的吸光度,然后以吸光度为纵坐标,以 Fe 浓度为横坐标绘制 Fe 的标准曲线。

表 5-5　标准曲线绘制所需 Fe 标准溶液的浓度及测得的吸光度

样品编号	1	2	3	4	5	6
浓度/($\mu g \cdot mL^{-1}$)						
吸光度/‰						

(3) 样品吸光度的测定及 Fe 含量的计算

根据样品溶液的吸光度,在上述标准曲线上查得溶液中 Fe 的浓度($\mu g/mL$)。若经稀释需乘上稀释倍数,求得原始溶液中 Fe 的含量,计算结果列于表 5-6。

表 5-6　样品溶液中 Fe 的吸光度及计算的催化剂中 Fe 的含量

项目	数值
吸光度/‰	
浓度/($\mu g \cdot mL^{-1}$)	
稀释倍数	
试样质量/g	
催化剂中 Fe 的含量/%	

【注意事项】

(1) 实验前仔细了解仪器结构及操作规程,严格按照仪器自检提示检查各安全设施。

(2) 王水是高腐蚀性液体,在使用过程中要注意安全防护。

【思考题】

(1) 如何选择最佳的实验条件?

(2) 空白试剂的作用是什么?

(3) 不易溶的样品,除了用王水溶解,还可以用哪些溶剂溶解?

5.5 原子吸收光谱法测定分子筛中硅铝比

【实验目的】

(1) 重温原子吸收光谱法的基本原理。
(2) 掌握原子吸收光谱仪的基本结构及使用方法。
(3) 学会用标准曲线法测定分子筛中的硅铝比。

【实验原理】

如果要测定试样中硅或铝离子的含量,应先将试液喷射成雾状进入燃烧火焰中(火焰原子化)或将试液注入石墨管中加热到 3 000 ℃以上,使离子原子化,得到硅或铝原子蒸气。再用硅或铝空心阴极灯做光源,辐射出硅或铝特征谱线的光。当其通过一定厚度的硅或铝原子蒸气时,部分光被蒸气中基态硅或铝原子吸收而减弱。通过单色器和检测器测得硅或铝特征谱线光被减弱的程度,利用公式 $A=Kc$ 及标准曲线法或标准加入法,即可求得试样中硅或铝的含量。

【仪器与试剂】

仪器:原子吸收光谱仪(岛津 AA - 6880),硅空心阴极灯,铝空心阴极灯,无油空气压缩机,乙炔钢瓶,250 mL 容量瓶,50 mL 容量瓶,吸量管,洗耳球,烧杯,坩埚,马弗炉,分析天平。

试剂:硅酸(H_2SiO_3,AR),氯化铝($AlCl_3$,AR),去离子水,偏硼酸锂,质量分数为 4%的硝酸,分子筛。

【实验步骤】

(1) Si 标准溶液的配制

1 000 μg/mL Si 标准溶液(母液)的配置:在分析天平上称取一定量的硅酸(H_2SiO_3,AR)放入烧杯中,用去离子水溶解,直至固体完全溶解,然后把溶液转移到 250 mL 容量瓶中,用去离子水稀释至刻度,摇匀备用。

在六个干净的 50 mL 容量瓶中,依次加入 0.00 mL、1.00 mL、2.00 mL、3.00 mL、4.00 mL 和 5.00 mL 1 000 μg/mL 的 Si 标准溶液,用去离子水稀释至刻度,摇匀备用。

(2) Al 标准溶液的配制

1 000 μg/mL Al 标准溶液（母液）的配置：准确称量 1.235 0 g 氯化铝（$AlCl_3$，AR）于烧杯中，用去离子水溶解，直至固体完全溶解，然后把溶液转移到 250 mL 容量瓶中，用去离子水稀释至刻度，摇匀备用。

在 6 个干净的 50 mL 容量瓶中，依次加入 0.00 mL、1.00 mL、2.00 mL、3.00 mL、4.00 mL 和 5.00 mL 1 000 μg/mL 的 Al 标准溶液，用去离子水稀释至刻度，摇匀备用。

(3) 样品溶液的制备

准确称取研磨后在 450 ℃下焙烧 2 h 后的分子筛 0.100 0 g 和 0.65 g 偏硼酸锂，混合于石墨坩埚中，将混合物在 950 ℃的马弗炉中加热 10 min，取出冷却后，熔融物为无色透明的，将此熔融物用质量分数为 4%的硝酸溶液溶解，直至固体完全溶解，然后把溶液转移到 50 mL 容量瓶中，用去离子水稀释至刻度，摇匀备用。

(4) 仪器的操作方法

具体方法见岛津 AA-6880 型火焰法原子吸收光谱仪操作规程（第 10 章）。

(5) 标准溶液和样品溶液的测定

根据实验条件，将原子吸收光谱仪按照操作步骤进行调节，待仪器电路和气路系统达到稳定，用空白溶剂进行仪器调零后即可测定以上各溶液的吸光度。

【数据处理】

(1) 记录实验条件

实验条件记录到表 5-7。

表 5-7 实验条件记录表

项目	数值	项目	数值
仪器型号		仪器型号	
吸收波长/nm		吸收波长/nm	
硅空心阴极灯电流/mA		铝空心阴极灯电流/mA	
光谱通带或光谱带宽/nm		光谱通带或光谱带宽/nm	
乙炔流量/(L·min^{-1})		乙炔流量/(L·min^{-1})	
空气流量/(L·min^{-1})		空气流量/(L·min^{-1})	

(2) 标准曲线的绘制

按照表 5-8 记录测量的 Si 标准溶液的浓度及测得的吸光度，然后以吸光度为纵坐标，以 Si 浓度为横坐标绘制 Si 的标准曲线。

表 5-8　标准曲线法绘制 Si 标准曲线

样品编号	1	2	3	4	5	6
浓度/(μg·mL^{-1})						
吸光度/%						

按照表 5-9 记录测量的 Al 标准溶液的浓度及测得的吸光度，然后以吸光度为纵坐标，以 Al 浓度为横坐标绘制 Al 的标准曲线。

表 5-9　标准曲线法绘制 Al 标准曲线

样品编号	1	2	3	4	5	6
浓度/(μg·mL^{-1})						
吸光度/%						

(3) 样品溶液吸光度的测定及硅铝原子比的计算

根据样品溶液的吸光度，在上述标准曲线上查得溶液中 Si 和 Al 的浓度(μg/mL)。若经稀释需乘上稀释倍数求得原始溶液中 Si 的含量和 Al 的含量，并计算硅铝原子比，计算结果列于表 5-10。

表 5-10　硅铝原子比的计算

样品编号	试样	样品编号	试样
Si 吸光度/%		Al 吸光度/%	
Si 浓度/(μg·mL^{-1})		Al 浓度/(μg·mL^{-1})	
Si 稀释倍数		Al 稀释倍数	
试样质量/g		试样质量/g	
分子筛中 Si 含量/%		分子筛中 Al 含量/%	
分子筛中硅铝比			

【注意事项】

(1) 熔融过程中要注意防止高温烫伤。

(2) Si 标准溶液不稳定，有效期很短，样品制备好后须马上测定。

【思考题】

(1) 最佳的实验条件对实际测定有何意义？

(2) 如何选择最佳的实验条件？

(3) 空白试剂的作用是什么？

(4) 原子吸收光谱法为何要用待测元素的空心阴极灯做光源？

第6章
气相色谱分析实验

6.1 基本原理

6.1.1 色谱法

色谱法是一种分离技术,其分离原理是使混合物中的各个组分不断在两相间进行分配,其中的一相固定不动,称为固定相;另一相是携带试样混合物流过此固定相的流体(气体或液体),称为流动相。当流动相携带混合物流过固定相时,由于各个组分在性质与结构上的差异,其在固定相中的滞留时间有长有短,会按照先后顺序从固定相中流出,从而使混合物中各组分分离。色谱法是混合物最有效的分离、分析方法。该分离技术应用于分析化学中,就是色谱分析。

6.1.2 气相色谱法

当流动相为气体时的色谱法称为气相色谱法。利用试样中各组分在色谱柱中的流动相和固定相间的分配系数不同,当汽化后的试样被载气带入色谱柱进行分离时,组分就在两相中进行反复多次的分配,由于固定相对于各个组分的吸附或溶解能力不同,因此各组分在色谱柱中的移动速度就不同。经过一定的柱长后,试样中的各个组分可以按照顺序离开色谱柱后进入检测器。检测器将各组分的浓度或质量的变化转换成一定的电信号,经过放大后在记录仪上记录下来,即可得到各组分的色谱峰。根据保留时间和峰高(或峰面积),可对试样的组分进行定性和定量的分析。

6.1.3 气相色谱法的特点

(1) 分离效能高

气相色谱法可以分析沸点非常相似的组分和极其复杂的多组分混合物。例如,空心毛细管色谱柱可用于分析轻油中的 150 种组分。

(2) 选择性高

通过使用高选择性的固定溶液,气相色谱法可以实现性质非常相似的组分的分离,如同位素、碳氢化合物的异构体等。

(3) 灵敏度高

高灵敏度检测器可检测 $10^{-11} \sim 10^{-13}$ g 的物质,可用于痕量分析。

(4) 分析速度快

气相色谱法在一个分析周期中的时间通常为几分钟或十几分钟,一些快速分析可以在几秒钟内分析几个组分。

(5) 应用范围广

气相色谱法可以分析气体和易挥发的液体和固体,或将其转化为挥发性液体和固体。

6.2 仪器结构

气相色谱流程图如图 6-1 所示。

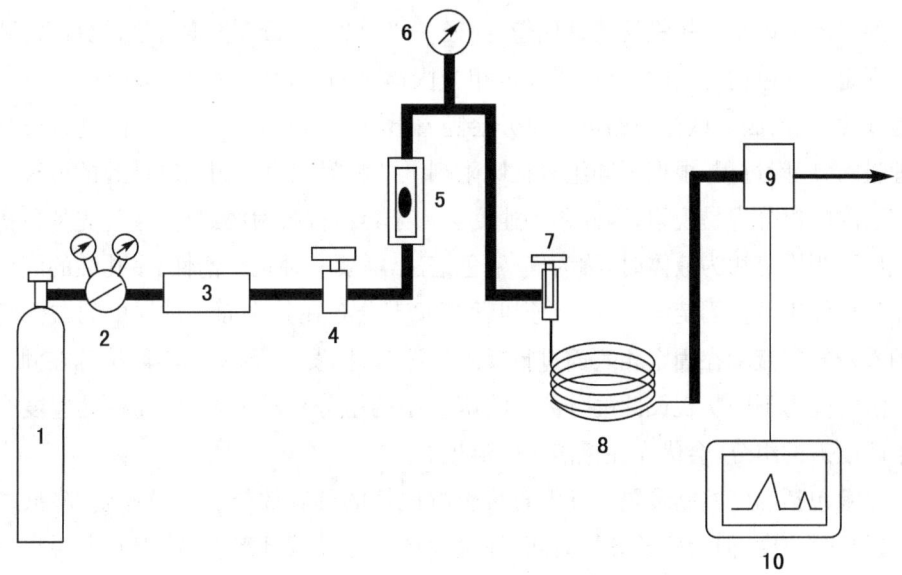

1—高压钢瓶;2—减压阀;3—载气净化干燥管;4—稳流阀;5—流量计;
6—压力表;7—进样器;8—色谱柱;9—检测器;10—色谱工作站。

图 6-1 气相色谱流程图

6.2.1 载气系统

载气系统包括气源、净化干燥管和载气流速控制部件。气源通常为气体高压钢瓶或者气体发生器。常用的载气为氢气及氮气、氦气这类惰性气体,应不与被测物质发生作用。净化干燥管装有催化剂或者分子筛,能够去除载气中的水、有机物等杂质,避免其干扰试验的测定结果。经过净化后的载气通过流速控制部件(稳压阀、稳流阀或自动流量控制装置),使载气流量固定为设置值。

6.2.2 进样系统

进样系统包括进样器与汽化室。气体试样可以通过注射器或者定量阀进样,液体或固体试样可以稀释或者溶解后直接用微量注射器进样。汽化室是将液体试样瞬间汽化的装置,没有催化作用,汽化后的试样会随着载气进入色谱柱分离。新型仪器一般带有全自动液体进样器,清洗、润冲、取样、进样、换样等过程全自动完成,一次可放置数十个试样。

6.2.3 分离系统

分离系统包括色谱柱和柱箱。色谱柱是色谱仪的核心装置,包括管柱和固定相。管柱的材质可以是不锈钢管或玻璃管,内径一般为 3~6 mm,长度可根据分离需要选择。固定相是色谱分离的关键,当固定相为固体吸附剂,如活性炭、氧化铝、硅胶等,称为气-固色谱法。试样中的被测组分会随着载气的流动在固定相表面进行反复的物理吸附、脱附过程,根据不同组分在吸附剂上的吸附能力不同实现彼此的分离。较难被吸附的组分容易脱附,因此移动速度会快于容易被吸附的组分,会优先从色谱柱中流出。当固定相为液体时,称为气-液色谱法,需要一种化学惰性、多孔性的固体颗粒作为担体来承担固定液,使固定液以薄膜状态分布在其表面。试样中的被测组分会随着载气的流动在固定相表面进行反复的溶解、挥发过程,根据不同组分在固定液中的溶解能力不同实现彼此的分离。溶解度小的组分容易挥发,因此移动速度会快于溶解度大的组分,会优先在色谱柱中流出。

柱箱包括温度控制装置。柱温直接影响试样的分离效能和分析速度,降低柱温可以提高分离度,但会延长分析时间,柱温太低可能导致峰形变宽,因此需要在保证最难分离的组分能够有很好的分离效果的前提下选择较低的柱温。对于各组分沸点相差较悬殊的试样,可以采用程序升温的方法,兼顾低沸点和高沸点的组分。

6.2.4 检测系统

检测器是色谱仪的眼睛,可将经过色谱柱分离的各组分按照其特性及含量转换成相应的电信号。根据检测原理的不同,检测器分为浓度型检测器和质量型检测器。浓度型检测器测量的原理是检测器的响应值和组分的浓度成正比;质量型检测器测量的原理是检测器的响应值与组分的质量成正比。常见的检测器列于表 6-1。

表 6-1 气相色谱法常见的检测器

检测器	类型	选择性	检测限	响应范围
氢火焰离子化检测器(FID)	质量型	大部分有机物	100 pg	10^6
热导检测器(TCD)	浓度型	所有物质	1 ng	10^7
电子俘获检测器(ECD)	浓度型	含有卤素、磷、硫、氮、氧等元素的化合物	50 fg	10^5
火焰光度检测器(FPD)	质量型	含硫、磷的化合物	100 pg	10^3
氮磷检测器(NPD)	质量型	氮、磷化合物	10 pg	10^6
光离子化检测器(PID)	浓度型	几百种有机物和部分无机挥发性化合物	2 pg	10^7

6.2.5 记录及数据处理系统

早期采用记录仪记录数据,现采用积分仪或者色谱工作站。检测器将各组分的浓度或质量的变化转换成一定的电信号,经过放大后在记录仪上记录下来,即可得到色谱图,通过色谱流出曲线上各组分的保留时间和峰高或峰面积可以对其进行定性或定量分析。

6.3 气相色谱法分离乙醇和正丁醇的条件优化及其含量测定

【实验目的】

(1) 了解气相色谱仪的结构和工作原理。
(2) 熟练掌握岛津 GC-2030 气相色谱仪的基本操作。
(3) 学习气相色谱仪定性分析的方法。
(4) 掌握利用归一化法进行定量分析的方法。

【实验原理】

用气相色谱法进行定性分析的任务是确定色谱图上每一个峰所代表的物质。在色谱条件一定时,任何一种物质都有确定的保留值、保留时间等保留参数。因此,在相同的色谱操作条件下,通过比较已知纯样和未知物的保留参数,即可确定未知物为何种物质。

当试样中各组分都能够流出色谱柱,并在色谱流出曲线上显示色谱峰,则可以用归一化法进行定量分析。归一化法是将样品中所有组分含量之和按 100% 计算,以

它们相应的响应信号为定量参数,通过式(6-1)计算各组分的质量分数:

$$w_i = \frac{m_i}{m} \times 100\% = \frac{m_i}{m_1+m_2+\cdots+m_i+\cdots+m_n} \times 100\%$$
$$= \frac{A_i f_i}{A_1 f_1 + A_2 f_2 + \cdots + A_i f_i + \cdots + A_n f_n} \times 100\% \quad (6-1)$$

式中,f 为校正因子;A 为峰面积。若各组分的 f 值相近或相同,如同系物中沸点接近的各个组分,其质量分数的计算公式可以简化为

$$w_i = \frac{A_i}{A_1 + A_2 + \cdots + A_i + \cdots + A_n} \times 100\% \quad (6-2)$$

乙醇的沸点为 78.4 ℃,密度为 0.802 g/mL;正丁醇的沸点为 117.3 ℃,密度为 0.795 g/mL。本实验通过色谱图上保留时间对组分进行定性分析,通过面积归一化法和校正面积归一化法进行定量分析。

【仪器与试剂】

仪器:岛津 GC-2030 气相色谱仪(带 AOC-20iPlus 自动进样器、FID 检测器),SH-Rtx-5 毛细管色谱柱,氢气发生器,压缩空气,高纯氮气,容量瓶,移液枪(100~1 000 μL),1 μL 微量注射器。

试剂:无水乙醇(分析纯),正丁醇(分析纯),待测混合样。

【实验步骤】

(1) 色谱操作条件

实验采用 SH-Rtx-5 毛细管色谱柱(30 m×0.25 mm×0.25 μm),氮气流速为 24 mL/min,空气流速为 200 mL/min,氢气流速为 32 mL/min。

优化前:进样口温度为 120 ℃;色谱柱初始温度为 100 ℃,保持 5 min;检测器(FID)温度为 150 ℃;分流进样,进样体积为 0.2 μL,分流比为 20∶1。

(2) 标准溶液的配制

精密移取 1.00 mL 无水乙醇和 1.00 mL 正丁醇于样品瓶中,摇匀,过 0.45 μm 有机滤膜备用。

(3) 校正因子的测定

用微量进样器吸取 0.2 μL 标准溶液注入色谱仪中,记录各峰的保留时间 t_R 和峰面积,重复进样 3 次,以公式求算出乙醇和正丁醇的校正因子。

(4) 样品溶液的测定

用微量进样器吸取 0.2 μL 样品溶液注入色谱仪中,记录各峰的保留时间 t_R' 和峰

面积,对照比较标准溶液与样品溶液的保留时间,确定样品中乙醇和正丁醇的位置,记录乙醇和正丁醇的峰面积,重复3次。由平均值根据归一化法计算样品中乙醇和正丁醇的含量。

【数据处理】

(1) 优化后:进样口温度为130 ℃;色谱柱初始温度为60 ℃,保持5 min;检测器(FID)温度为200 ℃;分流进样,进样体积为0.2 μL,分流比为100∶1。

(2) 计算校正因子。

(3) 计算未知混合样中各组分的含量,计算结果列于表6-2。

表6-2 样品中乙醇和正丁醇含量分析

编号	名称	保留时间	峰面积	校正因子	含量
1	乙醇				
2	正丁醇				

【注意事项】

(1) 点燃氢火焰时,应将氢气流量增大,以保证顺利点燃。点燃火焰后,再将氢气流量缓慢降至规定值。若氢气流量降得过快会熄火。

(2) 微量注射器取样时,应先用被测液润洗。本次实验虽然为自动进样器,但也要注意取样时排出空气。

【思考题】

(1) 色谱仪的开启原则是什么?不遵循原则会产生什么后果?关机的次序又是什么?

(2) 为什么可利用色谱峰的保留值进行色谱定性分析?

(3) 校正因子有几种表示方法?

6.4 气相色谱法测定白酒中甲醇的含量

【实验目的】

(1) 掌握岛津GC-2030气相色谱仪的操作。

(2) 掌握标准曲线法进行定量分析的原理。

(3) 了解气相色谱法在产品质量控制中的应用。

【实验原理】

液体样品由进样口注入后立即被汽化,并被载气带入色谱柱,经过多次分配而分离的各个组分逐一流出色谱柱进入检测器,随时间变化而产生的电信号经记录仪得到气相色谱图。标准曲线法(又称外标法)是气相色谱法中一种常用的定量方法,即将欲测组分的纯物质通过稀释配制成不同浓度的标准溶液,取固定体积的标准溶液进样分析,从所得色谱图上测出的响应信号(峰面积),绘制峰面积-浓度的标准曲线。分析未知试样时,取制作标准曲线同样体积进样,测得响应信号后,由标准曲线即可查出欲测组分的浓度,再根据未知试样的取样量及稀释倍数即可计算出欲测组分的质量分数。

食用酒精是以谷物、薯类、糖蜜或其他可食用农作物为主要原料,经发酵、蒸馏精制而成,可供食品工业使用的含水酒精。在酿造白酒的过程中,不可避免地有甲醇产生。根据国家标准(GB/T 10343—2023),食用酒精中甲醇含量应低于 0.05 g/L(优级)或 0.15 g/L(普通级)。

利用气相色谱法可分离、检测白酒中的甲醇含量。具体方法为:在相同的操作条件下,先配置一系列浓度的含甲醇的标准溶液进行色谱分析,绘制峰面积-浓度的标准曲线,再将等量的未知试样进行色谱分析,由保留时间可确定试样中是否含有甲醇,由甲醇峰面积的标准曲线可以确定未知试样中甲醇的含量。

【仪器与试剂】

仪器:岛津 GC - 2030 气相色谱仪,具氢火焰离子化检测器(flame ionization detector, FID),SH-Rtx-5 毛细管色谱柱;高纯氮气;压缩空气;氢气发生器;分析天平,感量为 0.000 1 g;容量瓶(100 mL);注射式样品过滤器(有机溶媒型,0.45 μm);1 μL 微量注射器。

试剂:甲醇(分析纯),乙醇(分析纯,质量分数为 60%),待测白酒。

【实验步骤】

(1) 甲醇标准溶液的制备

精密称取甲醇标准品 0.200 g 于 100 mL 的容量瓶中,用质量分数为 60% 的乙醇溶液稀释至刻度,即得浓度为 2.0 g/L 的甲醇标准储备溶液。再分别量取 0.4 mL、1.0 mL、2.0 mL、4.0 mL、8.0 mL、10.0 mL 甲醇标准储备溶液于 100 mL 容量瓶中,用质量分数为 60% 的乙醇溶液定容,即可得到含甲醇为 0.008 g/L、0.02 g/L、0.04 g/L、0.08 g/L、0.16 g/L、0.2 g/L 的标准溶液。

(2) 设置气相色谱分析条件

本次实验采用 SH-Rtx-5 毛细管色谱柱(30 m×0.25 mm×0.25 μm),氮气流速为 24 mL/min,空气流速为 200 mL/min,氢气流速为 32 mL/min。

进样口温度为 150 ℃;色谱柱初始温度为 50 ℃,保持 5 min;检测器(FID)温度为 200 ℃;分流进样,进样体积为 0.2 μL,分流比为 20∶1。

(3) 标准曲线的绘制

通载气后,启动仪器,设定以上温度条件。待温度升至所需值时,通入氢气和空气,点燃 FID(点火时,H_2 的流量可大些),缓缓调节 N_2、H_2 及空气的流量,至信噪比较佳时为止,待基线平衡后即可进样分析。仪器稳定后,分别吸取 0.2 μL 从低到高浓度的甲醇标准溶液进样,得到色谱峰后记录甲醇的峰面积,绘制标准曲线。

(4) 白酒样品中甲醇的测定

在相同的操作条件下吸取 0.2 μL 白酒进样,得到色谱图,记录甲醇的峰面积,再由标准曲线计算出甲醇的量,从而计算出白酒中甲醇的含量。

【数据处理】

(1) 以质量浓度为横坐标、峰面积为纵坐标,绘制标准曲线,并注明其相关系数 R。

(2) 根据标准曲线,计算样品中甲醇的浓度。

【注意事项】

(1) 标准曲线的 R^2 值代表试验数据与拟合函数之间的吻合程度,其值越接近 1,吻合程度越高,一般要求 R^2 的值大于 0.999。

(2) 配制标准溶液应该注意保证其精准度,减小误差。

【思考题】

(1) 为什么甲醇标准溶液要以质量分数 60% 的乙醇水溶液为溶剂配制?配制甲醇标准溶液还需要注意些什么?

(2) 标准曲线法定量有什么特点?其主要误差的来源是什么?

(3) 如何能够更简便地判断白酒中的甲醇是否超标?

6.5 气相色谱法分离丁醇异构体及测定其含量

【实验目的】

(1) 掌握色谱柱分离化学物质的原理,以及影响分离度的因素。
(2) 掌握内标法进行定量分析的原理。
(3) 了解相对校正因子的测定。

【实验原理】

一个混合试样成功地分离,是气相色谱法完成定性及定量分析的前提和基础。一对色谱峰分离的程度可用分离度 R 表示:

$$R = \frac{t_{R(2)} - t_{R(1)}}{\frac{1}{2}(Y_1 + Y_2)} \tag{6-3}$$

式中,$t_{R(2)}$、Y_2 和 $t_{R(1)}$、Y_1 分别是两个组分的保留时间和峰底宽,R 值越大,意味着相邻两组分的分离效果越好。当两组峰高相近,峰形对称且满足正态分布,同时 $R=1.5$ 时,两峰可以完全分离;而当 $R=1.0$ 时,分离程度可以达到 98%。在实际应用中,$R=1.0$ 一般可以满足需要。

内标法是气相色谱分析法中常用的定量计算方法之一,是将一定量的纯物质作为内标物,加入准确称取的试样中,根据被测物和内标物的质量以及其在色谱图上相应的峰面积之比,即可求出被测组分在样品中的百分含量。根据公式:

$$m_i = f_i A_i \qquad m_s = f_s A_s \tag{6-4}$$

式中,f_i 和 f_s 分别为待测组分和内标物的相对质量校正因子,一般以内标物为基准,$f_s=1$。可以求出组分 i 在试样中的质量分数:

$$w_i = \frac{A_i}{A_s} \cdot \frac{m_s}{m} \cdot f_i \times 100\% \tag{6-5}$$

式中,f_i 可以由内标标样测得:

$$f_i = \frac{A_s m_i}{A_i m_s} \tag{6-6}$$

内标法通过测量内标物及被测组分峰面积的相对值来进行定量分析,可以抵消操作条件变化引起的误差,得到较准确的结果。

【仪器与试剂】

仪器：岛津 GC-2030 气相色谱仪，具氢火焰离子化检测器(FID)，SH-Rtx-5 毛细管色谱柱；高压氮气；压缩空气；氢气发生器；分析天平，感量为 0.000 1 g；容量瓶(100 mL)；注射式样品过滤器(有机溶媒型，0.45 μm)；1 μL 微量注射器。

试剂：无水乙醇(分析醇)，正丁醇(分析纯)，2-丁醇(分析纯)，2-甲基-1-丙醇(分析纯)，2-甲基-2-丙醇(分析纯)，标准溶液(分别取 0.5 mL 丁醇异构体标样于 4 个 100 mL 容量瓶中，用无水乙醇定容，由实验室提供)。

【实验步骤】

(1) 设置气相色谱仪初始分析条件

本次实验采用 SH-Rtx-5 毛细管色谱柱(30 m×0.25 mm×0.25 μm)，氮气流速为 24 mL/min，空气流速为 200 mL/min，氢气流速为 32 mL/min。

进样口温度为 200 ℃；色谱柱温度为 100 ℃；检测器(FID)温度为 200 ℃；分流进样，进样体积为 0.2 μL，分流比为 100∶1。

(2) 定量混合标准溶液的制备

定量混合标准溶液的配制：分别取 0.5 mL 四种丁醇异构体标样于同一个 100 mL 容量瓶中，每个标样都需精确称量(精确到 0.1 mg)，加入无水乙醇稀释至刻度。

(3) 最佳色谱条件的确定

用微量注射器取 0.2 μL 定量混合标准溶液，进样检验该色谱条件的适用性，记录不同柱温(至少三个温度)条件下的出峰情况，计算不同温度下第 2、3 组分之间的分离度。

(4) 各丁醇异构体保留时间的测定

分别用微量注射器准确量取 0.2 μL 各丁醇异构体定性标准溶液，在上述最佳色谱条件下进样，记录其保留时间。

(5) 相对校正因子测定

用微量注射器准确量取 0.2 μL 定量混合标准溶液，在上述最佳色谱条件下进样，重复测定三次，通过保留时间确定各组分并记录其峰面积，如果发现两者有明显变化，应再重复多次。

(6) 未知样品的测定

用微量注射器准确量取 0.2 μL 未知样品溶液(精确称量)，在上述最佳色谱条件下进样，重复测定三次，通过保留时间确定各组分并记录其峰面积，如果发现两者有明显变化,应再重复多次。

【数据处理】

(1) 定量混合标准溶液的配制

配置定量混合标准溶液所用各物质的质量列于表 6-3。

表 6-3 定量混合标准溶液的配制

组分	正丁醇	2-丁醇	2-甲基-1-丙醇	2-甲基-2-丙醇
质量/g				

(2) 最佳柱温的确定

记录不同柱温(至少三个温度)条件下的出峰情况,计算不同温度下第 2、3 组分之间的分离度列于表 6-4。

表 6-4 最佳柱温的考察

柱温	组分 2		组分 3		分离度 R
	$t_{R(2)}$	$Y_{(2)}$	$t_{R(3)}$	$Y_{(3)}$	

(3) 定性分析结果

在上述最佳色谱条件下进样,记录各丁醇异构体保留时间列于表 6-5。

表 6-5 定性分析

组分	正丁醇	2-丁醇	2-甲基-1-丙醇	2-甲基-2-丙醇
保留时间 t/min				

(4) 混合标准溶液的测定结果

取 0.2 μL 定量混合标准溶液,在上述最佳色谱条件下进样,重复测定三次,通过保留时间确定各组分并记录其峰面积列于表 6-6。

表 6-6 定量混合标准溶液的测定

组分	峰面积		
	第一次	第二次	第三次
正丁醇			
2-丁醇			
2-甲基-1-丙醇			
2-甲基-2-丙醇			

以正丁醇作为内标物,计算出其他丁醇异构体对正丁醇的相对质量校正因子。

(5) 未知样品溶液的测定结果

取 0.2 μL 未知样品溶液(精确称量),在上述最佳色谱条件下进样,重复测定三次,通过保留时间确定各组分并记录其峰面积列于表 6-7。

表 6-7 未知样品溶液的测定

组分	峰面积		
	第一次	第二次	第三次
正丁醇			
2-丁醇			
2-甲基-1-丙醇			
2-甲基-2-丙醇			

根据测定结果和未知样品溶液的质量计算出各丁醇异构体的质量分数。

【注意事项】

(1) 最佳柱温应该使各组分分离完全,又不使峰形扩张、拖尾。

(2) 当被测试样中各组分的沸点范围很宽时,可以选择程序升温。

【思考题】

(1) 分离度达到多少说明两组分已经完全分离?实际分析中,分离度是不是越高越好?

(2) 内标法定量的优缺点分别是什么?内标法应该如何选择内标物?

(3) 测量校正因子时是否需要严格控制进样量?

第 7 章
高效液相色谱分析实验

7.1 基本原理

7.1.1 高效液相色谱法

高效液相色谱法是20世纪70年代在气相色谱法和经典色谱法的基础上发展起来的一项现代柱色谱分离方法。其流动相为液体,采用高压泵输送,色谱柱是以特殊的方法用小粒径的填料填充而成,柱后连有高灵敏度的检测器,可对流出物进行连续检测。因此,高效液相色谱法具有分析速度快、分离效能高、自动化等特点。

7.1.2 高效液相色谱法的特点

(1) 高压

高效液相色谱法以液体作为流动相,流经色谱柱时受到的阻力较大,为了缩短其通过色谱柱的时间,需对流动相施加高压。

(2) 高速

高效液相色谱法分析时间比经典液相色谱法短得多,可快速实现多组分的分离。

(3) 高效

高效液相色谱法分离效能很高,柱效比气相色谱法更高。

(4) 高灵敏度

高效液相色谱法中高灵敏度检测器可检测 $10^{-9} \sim 10^{-11}$ g 的物质,且所需试样很少,微升数量级的试样就足够进行全分析。

7.2 高效液相色谱仪的结构

高效液相色谱仪的典型结构示意图如图 7-1 所示。

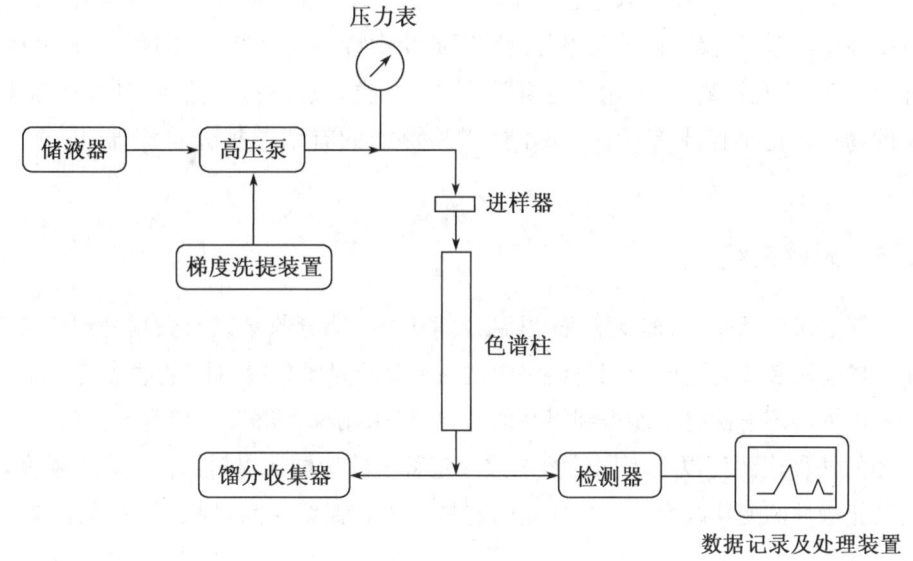

图 7-1 高效液相色谱仪典型结构示意图

7.2.1 高压输液系统

高效液相色谱所用固定相颗粒极细,因此对流动相阻力很大。为使流动相较快流动,必须配备高压输液系统。高压输液系统是仪器最重要的部件,由储液瓶、高压输液泵、过滤器、压力脉动阻尼器(消除输出脉冲)等组成。对高压输液泵的要求:密封性好,输出流量恒定,压力平稳,可调范围宽,便于迅速更换溶剂,耐腐蚀等。

7.2.2 进样系统

高效液相色谱柱比气相色谱柱短得多,柱外展宽(又称柱外效应)较突出,因此需要将试样瞬间注入色谱柱上端固定相的中心成一个小点,才能获得良好的分离效果和重现性。目前,高效液相色谱仪一般采用高压定量进样阀进样,进样时,流动相将储存于定量管中固定体积的试样送入柱中,进样体积由定量管的体积严格控制。

7.2.3 分离系统

色谱柱是液相色谱的心脏部件,它包括柱管与固定相两部分。柱管材料有玻璃、不锈钢、铝、铜以及内衬光滑的聚合材料等。玻璃管耐压有限,故金属管用得较多。一般色谱柱长为 5~30 cm,内径为 4~5 mm,填料颗粒度为 5~10 μm。

7.2.4 检测系统

高效液相色谱法与气相色谱法一样,要求检测器灵敏度高、重现性好、定量准确、对温度和流速的变化不敏感、应用范围广、线性范围宽等。检测器分为两大类：一类是溶质性检测器，它仅对被分离组分的物理或化学特性有响应，属于这类检测器的有紫外检测器、荧光检测器、电化学检测器等。另一类是总体检测器，它对试样和洗脱液总的物理或化学性质有响应，属于这类检测器的有示差折光检测器、电导检测器等。

7.2.5 附属系统

附属系统包括脱气、梯度淋洗、恒温、自动进样、馏分收集以及数据处理等装置。其中梯度淋洗装置是高压液相色谱仪中尤为重要的附属装置，对于某些复杂样品，用一种强度的溶剂淋洗时不能得到很好的分离，可采用梯度淋洗。梯度淋洗就是组成流动相的两种或两种以上不同的溶剂按一定程序改变配比、极性、pH、离子强度，通过流动相极性的变化改变待分离样品的选择因子和保留时间，提高分离效果和分析速度。

7.3 高效液相色谱法测定饮料中的糖精钠、苯甲酸和山梨酸

【实验目的】

(1) 了解高效液相色谱仪的结构和工作原理。
(2) 熟练掌握高效液相色谱仪的基本操作。
(3) 学习高效液相色谱法的定性分析。
(4) 掌握利用外标法进行定量分析的方法。

【实验原理】

苯甲酸和山梨酸是最常见的两种食品防腐剂，糖精钠（saccharin sodium）是最常见的一种食品甜味剂。苯甲酸、山梨酸、糖精钠作为食品添加剂在食品加工业中广泛应用，对于这三种添加剂的用量问题在《中华人民共和国食品卫生标准》中有明确的规定，因此对这三种添加剂的检测非常重要。

本实验将样品经反相高效液相色谱分离测定，根据保留时间进行定性分析，利用外标峰面积法进行定量分析。

【仪器与试剂】

仪器：高效液相色谱仪（配有紫外检测器），离心机，超声波清洗仪，天平，容量瓶，

烧杯,50 μL 微量注射器,具塞离心管,微孔滤膜。

试剂:甲醇(色谱纯),去离子水,苯甲酸钠、山梨酸钾、糖精钠标准物质(纯度均大于99.0%),乙酸铵溶液(0.02 mol/L),氨水。

乙酸铵溶液的配制:称取 1.54 g 乙酸铵放入小烧杯中,加入少量去离子水,待固体全部溶解后,将溶液转移至 1000 mL 容量瓶中,加水至刻度定容(甲醇和乙酸铵溶液在使用前分别使用微孔滤膜过滤,然后经超声波振荡脱气)。

【实验步骤】

(1) 色谱操作条件

① 色谱柱:C18 柱,250 mm×4.6 mm;检测波长 230 nm;进样量 10 μL。

② 流动相:甲醇∶乙酸铵溶液(0.02 mol/L)=5∶95;流速 1 mL/min。

③ 样品前处理:在小烧杯中准确称取 5.0 g 试样(饮料),微温搅拌除去二氧化碳,用氨水调 pH 约为 7,将样品转移至 25 mL 容量瓶中,并用少量水清洗烧杯内壁三次,清洗液一并转移至容量瓶中,加水定容,摇匀,经微孔滤膜过滤,待液相色谱测定。

(2) 标准溶液配制

① 苯甲酸、山梨酸、糖精钠标准储备液(1 000 mg/L)

准确称取苯甲酸钠 0.100 g,用水溶解并定容至 100 mL,即为苯甲酸标准储备液。采用相同的方法配置山梨酸标准储备液和糖精钠标准储备液。其中山梨酸钾用量为 0.100 g,糖精钠用量为 0.100 g。糖精钠含结晶水,使用前需在 120 ℃条件下烘 4 h,再在硅胶干燥器中冷却至室温。

② 苯甲酸、山梨酸、糖精钠混合标准中间液(200 mg/L)

依次准确吸取苯甲酸、山梨酸、糖精钠(以糖精计)标准储备液各 10 mL,于 50 mL 容量瓶中混合,然后用去离子水定容至刻度。

(3) 苯甲酸、山梨酸和糖精钠混合标准系列工作溶液的配制

分别准确吸取苯甲酸、山梨酸和糖精钠混合标准中间溶液 0.00 mL、0.05 mL、0.25 mL、0.50 mL、1.00 mL、2.50 mL、5.00 mL 和 10.00 mL,用去离子水定容至 10 mL,配制成浓度分别为 0.00 mg/L、1.00 mg/L、5.00 mg/L、10.00 mg/L、20.00 mg/L、50.00 mg/L、100.00 mg/L 和 200.00 mg/L 的苯甲酸、山梨酸和糖精钠混合标准系列工作溶液。

(4) 测定

取混合标准系列工作溶液和样品处理液各 10 μL,注入高效液相色谱进行分离,以其标准溶液峰的保留时间为依据进行定性,以其标准溶液峰面积求出样品中被测

物质的含量。

【数据处理】

(1) 标准曲线绘制

按照表 7-1 记录混合标准系列工作溶液的各峰峰面积,然后以峰面积为纵坐标,以浓度为横坐标绘制标准曲线。模拟计算得到的回归方程和相关系数 R 列于表 7-2。

表 7-1 标准曲线绘制所需浓度和测得的峰面积

编号	1	2	3	4	5	6	7	8
浓度/(mg·L^{-1})	0.00	1.00	5.00	10.00	20.00	50.00	100.00	200.00
苯甲酸峰面积								
山梨酸峰面积								
糖精钠峰面积								

表 7-2 糖精钠、苯甲酸和山梨酸标准曲线处理

化合物	回归方程	相关系数 R
苯甲酸		
山梨酸		
糖精钠		

(2) 样品分析

根据样品溶液中各物质的峰面积,在上述标准曲线上查得或根据回归方程计算样品溶液中各物质的浓度(mg/L)。若经稀释需乘上稀释倍数求得饮料中各物质的含量。样品中待测组分的含量计算公式为

$$X = \frac{c \times V}{m} \tag{7-1}$$

式中:X 为样品中待测组分的含量,单位为 g/kg;c 为由标准曲线得出的样品溶液中待测物的浓度,单位为 mg/L;V 为样品定容体积,单位为 L;m 为样品质量,单位为 g。

【注意事项】

(1) 流动相使用前必须经过脱气。如果流动相中含有气体,在较高的柱压下会产生气泡,使流动相流动受阻,对分离样品产生不利影响。

(2) 应通过预实验调整和最后确定流动相实际配比以使各分析组分的分离效果最佳。

(3) 被测溶液 pH 对测定和色谱柱使用寿命均有影响,应以中性为宜。

【思考题】

(1) 溶剂和样品为什么要过滤?

(2) 测定波长采用 230 nm,对样品中山梨酸的测定有何影响?

(3) 为什么被测溶液需要除去二氧化碳?

7.4 高效液相色谱法测定蔬菜中邻苯二甲酸二丁酯的残留

【实验目的】

(1) 进一步掌握高效液相色谱仪的基本构造和操作方法。

(2) 巩固利用标准曲线法进行定量分析的方法。

(3) 掌握梯度洗脱实验技术。

【实验原理】

高效液相色谱法可快速、准确检测蔬菜水果中的农药残留。近几年来,该项技术越来越受到基层食品监管部门的重视。美国环保署(Environmental Protection Agency,EPA)把邻苯二甲酸酯类物质中的 6 种列入"优先监测污染物名单",分别是邻苯二甲酸二甲酯(DMP)、邻苯二甲酸二乙酯(DEP)、邻苯二甲酸二丁酯(DBP)、邻苯二甲酸二辛酯(DOP)、邻苯二甲酸丁基苄基酯(BBP)和邻苯二甲酸(2-乙基己基)酯(DEHP)。我国将邻苯二甲酸酯类物质中的 3 种(DMP,DBP 和 DOP)列入了优先控制污染物黑名单。这类物质大多具有雌激素作用,导致人体内的激素水平异常,过多摄入可能有致畸、致癌风险。

本实验通过高效液相色谱法对几种蔬菜中 DBP 的含量进行测定,从而了解 DBP 在蔬菜中的残留情况。

【仪器与试剂】

仪器:高效液相色谱仪(配有紫外检测器),研钵,超声波清洗仪,天平,容量瓶,蒸发皿,微孔滤膜。

试剂:甲醇(色谱纯),乙醚(分析纯),去离子水,邻苯二甲酸二丁酯(分析纯)。

【实验步骤】

(1) 色谱操作条件

① 色谱柱:C18 柱,150 mm×4.6 mm;检测波长为 224 nm;进样量为 10 μL。

② 梯度洗脱程序如表 7-3 所示。

表 7-3 梯度洗脱程序

时间/min	流动相比例(水:甲醇)	流动相流速/(mL·min^{-1})
0	70:30	1
10	50:50	1
20	20:80	1
30	0:100	1
31	70:30	1
35	70:30	1

(2) 样品前处理

称取剪碎的蔬菜样品(茄子、油麦菜、大蒜)100.0 g 于研钵中碾碎,加入 200 mL 乙醚,超声处理 20 min,于蒸发皿中以 40 ℃蒸气浴蒸发乙醚,蒸发皿冷却后加入甲醇 5 mL 提取 DBP。将蒸发皿中的甲醇转入 10 mL 容量瓶中,再加入 3 mL 甲醇于蒸发皿中,重复以上提取步骤,再转入 10 mL 容量瓶中,并用甲醇定容至刻度,用微孔滤膜过滤后,待测。

(3) 标准曲线的绘制

精确称取邻苯二甲酸二丁酯 3.0 mg,用甲醇稀释,分别制成 1.00 μg/mL、5.00 μg/mL、10.00 μg/mL、30.00 μg/mL、50.00 μg/mL、100.00 μg/mL 系列浓度,经微孔滤膜过滤后进样分析,每种浓度平均进样 3 次,并以 DBP 浓度为横坐标,测定的峰面积为纵坐标,绘制 DBP 含量标准曲线。

(4) 样品测定

将前处理的样品进行进样分析,根据峰面积和标准曲线计算各样品中邻苯二甲酸二丁酯的含量。

【数据处理】

(1) 标准曲线绘制

按照表 7-4 记录测量的标准系列工作溶液的峰面积,然后以测得的峰面积为纵坐标，以 DBP 浓度为横坐标绘制标准曲线。模拟计算得到的回归方程和相关系数 R 列于表 7-5。

表 7-4　标准曲线绘制所需浓度和测得的峰面积

编号	1	2	3	4	5	6
浓度/(μg·mL^{-1})	1.00	5.00	10.00	30.00	50.00	100.00
DBP 峰面积 1 次						
DBP 峰面积 2 次						
DBP 峰面积 3 次						

表 7-5　邻苯二甲酸二丁酯标准曲线处理

浓度/(μg·mL^{-1})	平均峰面积	
1.00		回归方程：
5.00		
10.00		
30.00		
50.00		相关系数 $R=$
100.00		

(2) 样品分析

根据样品溶液中 DBP 的峰面积，在上述标准曲线上查得或根据回归方程计算样品溶液中 DBP 的浓度（μg/mL）。若经稀释需乘上稀释倍数求得蔬菜中 DBP 的含量，计算结果列于表 7-6。

表 7-6　样品中 DBP 含量分析

样品	峰面积	DBP 含量/%
茄子		
油麦菜		
大蒜		

【注意事项】

(1) 绘制标准曲线的样品必须精确称量。

(2) 在重复性条件下获得的两次独立测定结果的绝对差值不得超过算术平均值的 10%。

【思考题】

(1) 梯度洗脱的适用范围和注意事项是什么？

(2) 紫外检测器是否适用于检测所有的有机化合物？

7.5 高效液相色谱法测定药物中阿莫西林的含量

【实验目的】

(1) 掌握高效液相色谱法测定的原理及操作。

(2) 掌握外标法测定阿莫西林胶囊含量。

【实验原理】

阿莫西林属青霉素药品，具有较强的抗菌性和较为广泛的应用，是我国药品研制和管理部门的重要研究对象。该产品中的杂质种类比较多，为了减少医疗中的不良反应，必须对其杂质进行控制。其中，高效液相色谱检测是进行阿莫西林含量检测的常用方式，在实际检测中具有较多的应用。可以通过工作曲线法直接对药物中的阿莫西林含量进行测定。

【仪器与试剂】

仪器：高效液相色谱仪(配有紫外检测器)，超声波清洗仪，天平，容量瓶，研钵。

试剂：乙腈(色谱纯)，磷酸二氢钾(分析纯)，氢氧化钾(分析纯)，阿莫西林对照品。

【实验步骤】

(1) 色谱操作条件

① 色谱柱：C18 柱，150 mm×4.6 mm；检测波长为 254 nm；进样量为 10 μL。

② 流动相：0.05 mol/L 磷酸盐缓冲液(在烧杯中称取磷酸二氢钾 13.6 g，加去离子水溶解稀释至 2 000 mL，用 8 mol/L 氢氧化钾溶液调节 pH 至 5.0±0.1)；乙腈(97.5∶2.5，V/V)，流速为 1.0 mL/min。

(2) 标准曲线的绘制

称取阿莫西林对照品适量，加入磷酸盐缓冲液，分别制成浓度为 0.48 mg/mL、

0.72 mg/mL、0.96 mg/mL、1.20 mg/mL、1.44 mg/mL 的混合溶液,分别进样 10 μL 分析,每种浓度平均进样 3 次,并以阿莫西林浓度为横坐标,测定的峰面积为纵坐标,绘制阿莫西林含量标准曲线。

(3) 样品测定

取 20 粒药物研匀,准确称取适量(相当于阿莫西林 0.5 mg),加入 10 mL 容量瓶中,加入磷酸盐缓冲液定容,通过微孔滤膜过滤后进样分析,根据峰面积对照标准曲线的回归方程求得药品中阿莫西林的含量。

【数据处理】

(1) 标准曲线绘制

按照表 7-7 记录测量的标准系列工作溶液的峰面积,然后以测得的峰面积为纵坐标,以阿莫西林浓度为横坐标绘制标准曲线。计算得到的平均峰面积、回归方程和相关系数 R 列于表 7-8。

表 7-7 标准曲线绘制所需浓度和测得的峰面积

编号	1	2	3	4	5
浓度/(mg·mL^{-1})	0.48	0.72	0.96	1.20	1.44
阿莫西林峰面积 1 次					
阿莫西林峰面积 2 次					
阿莫西林峰面积 3 次					

表 7-8 阿莫西林标准曲线处理

浓度/(mg·mL^{-1})	平均峰面积	
0.48		回归方程:
0.72		
0.96		
1.20		相关系数 $R=$
1.44		

(2) 样品分析

根据样品溶液中阿莫西林的峰面积,在上述标准曲线上查得或根据回归方程计算样品溶液中阿莫西林的浓度(mg/mL)。若经稀释需乘上稀释倍数,求得药物中阿莫西林的含量,结果列于表 7-9。

表 7-9 药物中阿莫西林含量分析

样品	质量	峰面积	阿莫西林含量/%
药物 1			
药物 2			

【注意事项】

(1) 乙腈的添加量必须合理,以保证检测中色谱柱的稳定性,避免影响分离效果。

(2) 流动相在使用前必须经过过滤和脱气。

【思考题】

(1) 为什么定容时使用磷酸盐缓冲液而不是乙腈?

(2) 为什么液相色谱法多在室温下进行分离检测,而气相色谱法要在相对较高的柱温下进行检测?

7.6 凝胶渗透色谱测定聚乳酸分子量及其分布

【实验目的】

(1) 掌握凝胶渗透色谱法测定聚合物分子量及其分布的原理。
(2) 熟悉凝胶渗透色谱仪的仪器构造和基本操作。
(3) 掌握凝胶渗透色谱流出曲线的数据处理方法。

【实验原理】

凝胶渗透色谱(gel permeation chromatography, GPC)色谱柱采用互相贯穿且孔洞大小不等的凝胶将不同尺寸的聚合物分子进行分离。聚合物的淋出体积与聚合物的分子量有关,聚合物分子量越大,淋出体积越小。色谱柱的总体积(V_t)由三部分组成,分别是多孔凝胶的骨架体积(V_g)、多孔凝胶间的间隙(V_0)和多孔凝胶的孔洞(V_i),即

$$V_t = V_g + V_0 + V_i \tag{7-2}$$

式中,$V_0 + V_i$ 为聚合物分子的淋出体积(V_e)。由于较大分子量的聚合物分子无法占用孔径较小的孔洞,所以聚合物分子的淋出体积(或实际占用体积)不大于

V_0+V_i,故 V_e 表示为

$$V_e=V_0+KV_i \tag{7-3}$$

式中,K 为分布系数,取值范围为[0,1]。当聚合物分子的尺寸大于多孔凝胶的最大孔径时,聚合物分子只能从多孔凝胶之间的间隙通过,此时 $K=0$,$V_e=V_0$,没有分离效果;当聚合物分子的尺寸小于多孔凝胶的最小孔径时,$K=1$,此时聚合物分子完全渗透。

聚合物分子尺寸与聚合物分子量有关,V_e 与分子量(M)的关系可以表示为

$$V_e=f(\lg M) \tag{7-4}$$

GPC 测量分子量选取的是分子量-淋出体积标定曲线中的线性段,即

$$\lg M=a-bV_e \tag{7-5}$$

式中,a 和 b 为与聚合物特性、温度、溶剂、仪器和填料有关的特性常数。

【仪器与试剂】

仪器:东曹 HLC-8320 凝胶渗透色谱仪(或参照本书第十章使用 Waters 1515-2414 凝胶渗透色谱仪),样品过滤头,样品瓶,注射器。

试剂:聚苯乙烯(标样),聚乳酸,氯仿(色谱纯)。

【实验步骤】

(1) 调试仪器

依次打开仪器泵、主机、检测器电源→打开电脑→登录账号密码→双击桌面"Breeze 2"图标→用户名填写"breeze"→进入软件系统→单击左侧"仪器"图标→点击"W410"图标设置"内部温度为 30 ℃,外部温度 1 为 40 ℃"→点击"PCM/15xx"图标(高压限制调至 500 psi)→保存至"GPC TEST"→单击左侧(控制面板)→点击"否"→单击"开泵"(流速调至 1 mL/min,变化率为 10 min,压力界限为 0~500 psi)→待流量升至 1 mL/min→单击左下角"平衡系统/监视基线"图标→点击"平衡/监视器"→待基线平滑(约 40 min)→按"Shift+1"→清洗参比池(三台仪器中最右边一台)→等待几分钟→点击"Auto Zero"。

(2) 配制溶液

分别配制质量分数为 3‰的聚苯乙烯标液和聚乳酸溶液,通过微孔膜过滤,静置一天。

(3) 单进样

进样口由倾斜逆时针旋转至竖直→电脑界面单击"进样"→设置样品编号→进样

→待左下角显示"等待进样"→左侧仪器打进样品→顺时针旋转至倾斜再拔针。

(4) 处理数据

单击左侧"查询数据"→选中"通道"→点中样品→右键"改变样品"→样品类型选择"宽分布未知样"保存→点击"更新"→点中样品→右键"查看"→选择"是"→单击"文件"(左上角)→点击"打开"→选择"处理方法"→选择"001"→单击"是"→点击"积分"→点击"校正"→点击"文件"→点击"保存"→结果全部保存。

(5) 保存数据

单击"查询数据"→选择"结果"标签→点击"更新"→单击样品→右键"预览"→选择"宽分布未知样"→单击"是"→单击"保存报告"→选择路径保存→单击"查询数据"→选中样品→单击数据库"导出数据"(软件上方)。

(6) 清洗仪器

进样口逆时针旋转至竖直(清洗 30 min)→进样口顺时针旋转至倾斜(清洗 30 min)。

(7) 关机

执行 Shut Down 程序,待控制面板显示 Power Off 后关闭仪器电源和电脑。

【数据处理】

内部温度:_____。外加热器温度:_____。流量:_____。将聚乳酸分子量及其分布数据填入表 7-10。

表 7-10 聚乳酸分子量及其分布

分子量和分散指数	结果
M_n	
M_w	
M_z	
M_w/M_n	
M_z/M_w	

【注意事项】

(1) 仪器在使用前需要自检。

(2) 样品溶解后需要用微孔膜过滤,进样前溶液需要脱泡。

(3) 进样前检验是否有足够的洗脱液和废液瓶空间。

【思考题】

(1) GPC测得的分子量一般为相对分子量,在何种条件下可测得绝对分子量?

(2) GPC能否将相对分子量相同的线性聚乙烯和支化聚乙烯分开?

7.7 凝胶渗透色谱定量分析聚苯乙烯同系物的含量

【实验目的】

(1) 熟悉凝胶渗透色谱仪的仪器构造和基本操作。

(2) 掌握凝胶渗透色谱定量分析的方法。

【实验原理】

凝胶渗透色谱(GPC)是一种特殊的液相色谱,它是采用互相贯穿且孔洞大小不等的凝胶将不同尺寸的聚合物分子进行分离。GPC不仅可以用来测量聚合物的分子量(M_n、M_w 和 M_z)及其分布(M_w/M_n),还可以用来分离体积不同且化学性质接近的高分子同系物。当高分子同系物进入色谱柱时,尺寸最大的高分子通过的路径最短,最先流出;尺寸最小的高分子通过的路径最长,最后流出。

【仪器与试剂】

仪器:东曹 HLC-8320 凝胶渗透色谱仪,样品过滤头,样品瓶,注射器,微孔过滤膜。

试剂:聚苯乙烯(标样),聚苯乙烯($M_n=4\times10^3$、$M_n=4\times10^4$ 和 $M_n=4\times10^5$),四氢呋喃(色谱纯)。

【实验步骤】

(1) 调试仪器

依次打开仪器泵、主机、检测器电源→打开电脑→登录账号密码→双击桌面"Breeze 2"图标→用户名填写"breeze"→进入软件系统→单击左侧"仪器"图标→点击"W410"图标设置"内部温度为 30 ℃,外部温度1为 40 ℃"→点击"PCM/15xx"图标(高压限制调至 500 psi)→保存至"GPC TEST"→单击左侧(控制面板)→点击"否"→单击"开泵"(流速调至 1 mL/min,变化率为 10 min,压力界限为 0~500 psi)→待流量升至 1 mL/min→单击左下角"平衡系统/监视基线"图标→点击"平衡/监视器"→待基线平滑(约 40 min)→按"Shift＋1"→清洗参比池(三台仪器中最右边一台)→等待几分钟→点击"Auto Zero"。

(2) 配制溶液

分别配制质量分数为 3‰ 的聚苯乙烯标准溶液和 3‰ 的聚苯乙烯同系物混合液,通过微孔膜过滤,静置一天。

(3) 单进样

进样口由倾斜逆时针旋转至竖直→电脑界面单击"进样"→设置样品编号→进样→待左下角显示"等待进样"→左侧仪器打进样品→顺时针旋转至倾斜再拔针。

(4) 处理数据

单击左侧"查询数据"→选中"通道"→点中样品→右键"改变样品"→样品类型选择"宽分布未知样"保存→点击"更新"→点中样品→右键"查看"→选择"是"→单击"文件"(左上角)→点击"打开"→选择"处理方法"→选择"001"→单击"是"→点击"积分"→点击"校正"→单击"文件"→点击"保存"→结果全部保留。

(5) 保存数据

单击"查询数据"→选择"结果"标签→点击"更新"→单击样品→右键"预览"→选择"宽分布未知样"→单击"是"→单击"保存报告"→选择路径保存→单击"查询数据"→选中样品→单击数据库"导出数据"(软件上方)。

(6) 清洗仪器

进样口逆时针旋转至竖直(清洗 30 min)→进样口顺时针旋转至倾斜(清洗 30 min)。

(7) 关机

执行 Shut Down 程序,待控制面板显示 Power Off 后关闭仪器电源和电脑。

【数据处理】

内部温度为_____,外加热器温度为_____,流量为_____。将聚苯乙烯数均分子量(M_n)、峰面积(A)、质量分数(w)和误差(ε)填入表 7-11。某种组分的质量分数可以近似表示为 $w_i = A_i/(A_1+A_2+\cdots+A_n)$。

表 7-11　聚苯乙烯数均分子量、峰面积、质量分数和误差

分子量和分散指数	结果
M_{n1}	
M_{n2}	
M_{n3}	
ε_1	
ε_2	
ε_3	
A_1	
A_2	
A_3	
w_1	
w_2	
w_3	

【注意事项】

(1) 如果聚合物中存在分子量低于 1 000 的杂质,则需要进行校准。

(2) 样品溶液的配制应与标样的配制保持完全一致。

【思考题】

(1) GPC 测高分子同系物数均分子量时产生误差的原因是什么?

(2) GPC 定量分析高分子同系物时产生误差的原因是什么?

第 8 章
电化学分析实验

8.1 基本原理

电化学分析法(electroanalytical methods)是仪器分析的重要组成部分之一。它是根据溶液中物质的电化学性质及其变化规律，建立在电位、电导、电流和电量等电学量与被测物质某些物理量或化学量之间的计量关系的基础之上，对组分进行定性和定量分析的方法，也称电分析化学法。

电化学分析法的基础是化学电池中所发生的电化学反应。化学电池由电解质溶液和浸入其中的两个电极组成，两电极用外电路接通。在两个电极上发生氧化还原反应，电子通过连接两电极的外电路从一个电极流到另一个电极。根据溶液的电化学性质(如电极电位、电动势、电流、电量、电阻、电导等)与被测物质的化学或物理性质(如电解质溶液的组成、浓度大小、氧化态和还原态的比值等)之间的关系，将被测定物质的化学或物理性质转化为一种电学参量加以测量。

电化学分析法有不同的分类，下面是几种常见的分类：

（1）根据电极电位、电流电压、电量及电导等物理量与溶液浓度的关系进行分析的方法可以分为直接电位法、恒电位库仑法、极谱法和电导法等。

（2）以电极电位、电流、电量和电导等物理量的突变作为指示终点的方法可以分为电位滴定法、恒电流库仑法、电流滴定法和电导滴定法等。

（3）某一被测组分通过电极反应，在工作电极上析出金属或氧化物，称量此电沉积物的质量求得被测组分的含量的方法可以分为电解分析法等。

无论是哪一种类型的电化学分析法，都必须在一个化学电池中进行，因此化学电池的基本原理是各种电化学方法的基础。

8.2 仪器结构

8.2.1 电位法仪器结构

直接电位法的仪器如图8-1所示，一般包括一对电极（指示电极和参比电极）、试液、搅拌装置及测量电动势的仪器。指示电极用于指示待测溶液中离子浓度或活度的变化，可以是玻璃膜电极等离子选择性电极；参比电极是为测量指示电极的电极电位提供电位标准，通常为饱和甘汞电极或银-氯化银电极；试液为待测溶液；搅拌装置一般为磁力搅拌或者机械搅拌装置；测量电动势的仪器可以使用精密毫伏计。通过测量该电池的电极电位差来确定待测物质含量的方法,即为直接电位法。

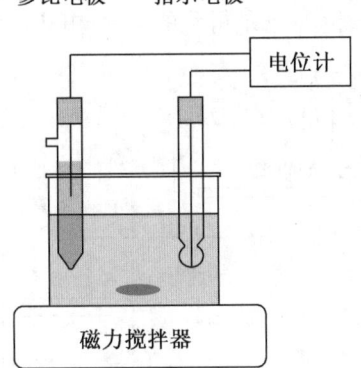

图 8-1　直接电位法仪器示意图

电位滴定法的仪器如图 8-2 所示,一般包括一对电极(指示电极和参比电极)、试液、搅拌装置、测量电动势的仪器、滴定管。其中,指示电极用于指示待测溶液中离子浓度或活度的变化,可以是玻璃膜电极等离子选择性电极;参比电极为测量指示电极的电极电位提供电位标准,通常为饱和甘汞电极或银-氯化银电极;试液为待测溶液;搅拌装置一般为磁力搅拌或者机械搅拌装置;测量电动势的仪器可以使用精密毫伏计;滴定管用于向待测溶液中滴加滴定剂。在进行电位滴定时,每加一次滴定剂,测量一次电动势,直到超过计量点为止,这样就得到一系列的滴定剂用量和相应的电动势数据,即为电位滴定法。

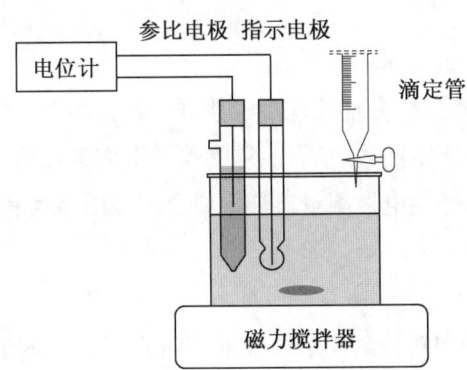

图 8-2　电位滴定法仪器示意图

8.2.2　极谱法仪器结构

极谱法的仪器如图 8-3 所示,一般包括电源、可变电阻器、伏特计、安培计、一对电极(指示电极和参比电极)、溶液和搅拌装置。其中,指示电极为滴汞电极;参比电极一般为饱和甘汞电极(SCE);电源、可变电阻器构成电位计线路。通过电位计线路,可连续改变施加于电解池的电位,并可由伏特计指示电位值;电压改变过程中电流的变化,则可用检流计来测量,记录得到的电流-电压曲线即为极谱法。

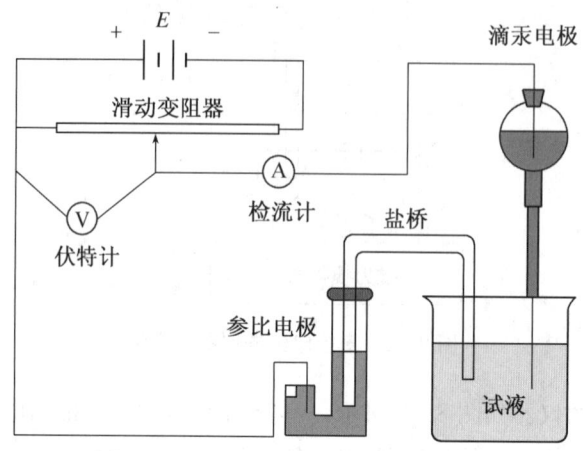

图 8-3　极谱法仪器示意图

8.3　乙酸电位滴定分析及其解离常数的测定

【实验目的】

(1) 重温电位滴定法的原理和仪器组成。

(2) 初步培养正确记录、合理处理实验数据的能力和作图方法。

(3) 学习绘制电位滴定曲线,掌握滴定终点及电离常数的确定方法。

(4) 掌握用离子选择性电极测量溶液中离子浓度的原理和方法。

【实验原理】

电位滴定分析法是在对待测离子用标准溶液进行滴定的过程中,以指示电极的电位变化(突变)来指示滴定终点的分析方法,是把电位测定和滴定分析相结合的一种电化学分析方法。

氢氧化钠溶液滴定乙酸的反应为

$$OH^- + CH_3COOH = H_2O + CH_3COO^-$$

用玻璃膜电极作指示电极,饱和甘汞电极作参比电极,与待测溶液组成原电池。在电位滴定分析过程中,随着滴定剂(氢氧化钠溶液)的不断加入,被测物质(乙酸溶液)与滴定剂(氢氧化钠溶液)发生反应,使溶液的氢离子浓度发生变化,从而使 pH 不断变化。由加入滴定剂的体积和测得的 pH 可绘制 $pH-V$、$\Delta pH/\Delta V-V$ 及 $\Delta^2 pH/\Delta V^2-V$ 曲线,由突跃点确定滴定终点,并计算出待测乙酸的含量以及电离常数。

【仪器和试剂】

仪器:PB-10 型酸度计,玻璃复合膜电极,微型磁力搅拌器,碱式滴定管,烧杯,玻璃棒,洗耳球,容量瓶。

试剂:HAc 溶液(0.1 mol/L),NaOH 溶液(0.1 mol/L),草酸溶液(0.1 mol/L),标准缓冲溶液(pH=6.86 和 pH=9.18)。

【实验步骤】

(1) 打开酸度计电源开关,按照仪器的使用说明进行仪器的预热、电极的安装及洗净,并用标准缓冲溶液(pH=6.86 和 pH=9.18)校正仪器。

(2) NaOH 溶液的标定

① 移取 10.00 mL 草酸溶液(0.1 mol/L)于 100 mL 烧杯中,加水至约 50 mL,放入搅拌磁子,开启磁力搅拌开关对溶液进行搅拌。

② 向滴定管中加入 NaOH 溶液(0.1 mol/L),记录开始滴定时的示数。对稀释后的草酸溶液进行滴定,当 pH 变化较小时,每滴加 1 mL 记录一次示数和 pH;当 pH 变化较大时,每滴加 0.1 mL 记录一次示数和 pH,直到 pH 变化再次平缓。

(3) 乙酸含量和 pK_a 的测定

① 移取 10.00 mL HAc 溶液(0.1 mol/L)于 100 mL 烧杯中,加水至约 50 mL,放入搅拌磁子,开启磁力搅拌开关对溶液进行搅拌。

② 向滴定管中加入 NaOH 溶液(0.1 mol/L),记录开始滴定时的示数。对稀释后的乙酸溶液进行滴定,当 pH 变化较小时,每滴加 1 mL 记录一次示数和 pH;当 pH 变化较大时,每滴加 0.1 mL 记录一次示数和 pH,直到 pH 变化再次平缓。

③ 结束实验,关闭仪器和搅拌电源开关,清洗滴定管、电极、烧杯,并放回原处。

【数据处理】

(1) 对记录的 V(mL)和 pH 实验数据进行一阶微商、二阶微商的处理,并绘制 $pH-V$、$\Delta pH/\Delta V-V$ 及 $\Delta^2 pH/\Delta V^2-V$ 曲线。

(2) 根据草酸溶液与 NaOH 溶液的滴定反应计算 NaOH 溶液的浓度。

(3) 根据 HAc 溶液与 NaOH 溶液的滴定反应计算 HAc 溶液的浓度。

(4) 计算 HAc 溶液的 pK_a 并与文献值比较。

【注意事项】

(1) 氢氧化钠和草酸均是高腐蚀性液体,在使用过程中要注意安全防护。
(2) 玻璃电极在测量前必须用已知 pH 的标准缓冲溶液进行标定。
(3) 在每次标定、测量后,应该用去离子水清洗电极,再用被测液清洗一次电极。
(4) 取下电极护套时,应避免电极的敏感玻璃泡与硬物接触。

【思考题】

(1) 在滴定过程中,电位法终点与以酚酞指示剂指示的终点是否一致,为什么?
(2) 电位滴定法与直接电位法的区别是什么?

8.4 $K_2Cr_2O_7$ 电位滴定法测定亚铁离子

【实验目的】

(1) 学习 $K_2Cr_2O_7$ 电位滴定法测定亚铁离子的原理及技术。
(2) 熟练掌握酸度计(或离子计)的使用。
(3) 掌握二阶微商法计算滴定终点的方法。

【基本原理】

$K_2Cr_2O_7$ 溶液滴定 Fe^{2+} 的反应:

$$Cr_2O_7^{2-} + 6Fe^{2+} + 14H^+ = 2Cr^{3+} + 6Fe^{3+} + 7H_2O$$

用铂电极作指示电极、饱和甘汞电极作参比电极,组成原电池。在滴定过程中,由于滴定剂($Cr_2O_7^{2-}$)的加入,待测离子氧化态(Fe^{3+})和还原态(Fe^{2+})的浓度比值发生变化,铂电极的电位随之发生变化,其测量过程在等量点附近产生电位突跃,用二阶微商法确定终点。

【仪器与试剂】

仪器:酸度计(或离子计),电磁搅拌器,铂电极,饱和甘汞电极,50 mL 酸式滴定管,25 mL 移液管,烧杯。

试剂:0.016 8 mol/L 的 $K_2Cr_2O_7$ 标准溶液,H_2SO_4-H_3PO_4 混酸(150 mL 浓 H_2SO_4 加入 700 mL 水中,充分搅拌,冷却后再加 150 mL H_3PO_4,混匀即可),硫酸亚铁铵待测溶液。

【实验步骤】

(1) 准确移取 15.00 mL 硫酸亚铁铵待测溶液于 250 mL 烧杯中,加入 H_2SO_4-H_3PO_4 混酸 15 mL,并用去离子水稀释至约 100 mL。

(2) 用预处理了的铂电极与饱和甘汞电极及待测液构成电池,同时开始搅拌,以离子计测定其电动势并记录。预滴定一次,确定大致的终点体积。

(3) 另取同样两份试样,进行正式滴定。加入适量体积 $K_2Cr_2O_7$ 标准溶液(0.016 8 mol/L),测电动势并记录;再加 $K_2Cr_2O_7$ 标准溶液,测电动势并记录。如此连续操作。

(4) 当电动势变化较大时,改为每加 0.1 mL $K_2Cr_2O_7$ 标准溶液读一次电位值,直到电动势变化再次平缓。

(5) 结束实验,关闭仪器和搅拌电源开关,清洗滴定管、电极、烧杯并放回原处。

【数据处理】

(1) 对记录的 V(mL) 和 E(mV) 计算对应的 $\Delta E/\Delta V$ 和 $\Delta^2 E/\Delta V^2$。

(2) 用二阶微分计算法求出 V_{ep},计算待测液中 Fe^{2+} 的浓度(g/L)。

【注意事项】

(1) $K_2Cr_2O_7$ 标准溶液为重金属溶液,使用后应倒入待处理的废液桶中,不可倒入下水道。

(2) H_2SO_4-H_3PO_4 混酸为腐蚀性液体,注意安全防护。

(3) 在每次标定、测量后,进行下一次操作前,应该用去离子水清洗电极,再用被测液清洗一次电极。

【思考题】

(1) 为什么氧化还原滴定可以用铂电极作指示电极?

(2) 滴定前为什么也能测得一定的电位?

8.5 采用氟离子选择性电极测定水中微量氟离子

【实验目的】

(1) 掌握用离子选择性电极测量溶液中离子浓度的原理和方法。

(2) 重温氟离子选择性电极测定 F⁻ 的条件。

(3) 学会标准曲线法进行数据处理的原理和方法。

(4) 初步掌握直接电位法装置的搭建方法和技巧。

(5) 初步培养正确记录、合理处理实验数据的能力和作图方法。

【实验原理】

直接电位法是利用电池电位与待测组分活度或浓度之间的函数关系,直接测定样品溶液中待测组分活度或浓度的方法,一般为溶液 pH(氢离子浓度)的测定和其他离子(F^-、Cl^-、Br^-、I^-、CN^-、S^{2-}、NH_4^+、Ag^+、Cu^{2+}、K^+、Na^+、Ca^{2+} 等)浓度的测定。氟是人体必需的微量元素,适量的氟化物可以有效增强牙齿抗龋齿的能力,预防龋齿。但摄入过量的氟化物也会对人体,尤其儿童产生不利影响。溶液中氟离子的测定一般由氟离子选择性电极作指示电极,饱和甘汞电极作参比电极,它们与待测溶液组成电解池。通过测量电位值,即可得到 pF。

本实验采用标准工作曲线法:配制一系列已知浓度的含 F^- 的标准溶液,加入总离子强度调节缓冲剂,测定相应的 E 值,作 E-pF 工作曲线。未知样品测定 E 值后,在工作曲线上查出对应的 pF 值,即得分析结果。

【仪器与试剂】

仪器:PB-10 酸度计,氟离子选择性电极,饱和甘汞电极,微型磁力搅拌器,烧杯,玻璃棒,洗耳球,容量瓶,塑料烧杯。

试剂:盐酸,硝酸钠,二水合柠檬酸钠,去离子水,氟化钠。

【实验步骤】

(1) 打开酸度计电源开关,按照仪器的操作使用规程进行仪器的预热及电极的安装、洗净。

(2) 标准系列溶液的制备

① 总离子强度调节剂

称取硝酸钠(42.5 g)、二水合柠檬酸钠(29.4 g)放入烧杯中,加去离子水,用 1∶1 盐酸调节 pH 为 5.5~6,转移至 500 mL 容量瓶中,用去离子水稀释到刻度,摇匀。

② 氟标准溶液(母液)

在分析天平上精确称取氟化钠(0.111 5 g),并溶于水中,转移入 500 mL 容量瓶中,用去离子水稀释到刻度,此溶液含氟量为 100 μg/mL。

③ 样品的制备

取一定体积的水样 25 mL,加入 10 mL 总离子强度调节剂,转移入 50 mL 容量瓶中,用去离子水稀释到刻度。

(3) 标准曲线的绘制

准确吸取 0.00 mL、0.50 mL、1.00 mL、2.50 mL、5.00 mL、10.00 mL 氟标准溶液(100 μg/mL)分别置于 50 mL 容量瓶中,并于各容量瓶中加入 10 mL 总离子强度调节剂,加水稀释至刻度,摇匀。按浓度由稀到浓的顺序分别测定以上浓度的氟标准溶液的电位值,每次测试前需用待测液润洗三次,绘制电位值随氟标准溶液浓度变化的标准曲线。

(4) 水中 F^- 含量的测定

用待测液润洗烧杯三次,测试待测液的 F^- 含量得电位值,依据标准曲线计算待测液中 F^- 的浓度。

(5) 关机

测试结束后,关闭仪器和搅拌电源开关,用去离子水清洗烧杯、容量瓶等并放回原处。

【数据处理与分析】

(1) 原始数据

原始数据记录于表 8-1。

表 8-1 原始数据记录表

V/mL	0	0.5	1.0	2.5	5.0	10.0	自来水
E/mV							

(2) 数据处理

原始数据处理结果列于表 8-2。

表 8-2 原始数据处理表

V/mL	0	0.5	1.0	2.5	5.0	10.0	自来水
E/mV							
$c(F^-)/(\mu g \cdot mL^{-1})$							
pF							

以电极电位 E 为纵坐标,pF 为横坐标,绘制标准工作曲线。由自来水的实测电位值在工作曲线上查找对应的 pF,并计算自来水中氟离子浓度。

【注意事项】

(1) 注意溶液配制的准确性,以免影响实验结果。

(2) 玻璃电极在测量前必须用已知 pH 的标准缓冲溶液进行标定。

(3) 在每次标定、测量后,进行下一次操作前,应该用去离子水清洗电极,再用被测液清洗一次电极。

(4) 取下电极护套时,应避免电极的敏感玻璃泡与硬物接触。

(5) 测量结束后,应将电极探头部分浸入饱和 KCl 溶液中保存。

【思考题】

(1) 饮用水中含氟量为多少时对人体健康没有影响?

(2) 氟离子选择性电极为什么能反映 F^- 活度?

(3) 氟离子选择性电极适用的溶液的 pH 范围是多少?

8.6 循环伏安法测定铁氰化钾的电极反应过程

【实验目的】

(1) 掌握用循环伏安法判断电极过程的可逆性的方法。

(2) 学习有关电化学工作站的使用方法。

(3) 测量反应中的峰电流和峰电位。

【实验原理】

循环伏安法与单扫描极谱法相似。在电极上施加线性扫描电压,当到达某设定的终止电压后,再反向回扫至某设定的起始电压,若溶液中存在氧化态 O,电极上将发生还原反应:

$$O + ne^- \rightleftharpoons R$$

反向回扫时,电极上生成的还原态 R 将发生氧化反应:

$$R \rightleftharpoons O + ne^-$$

在测试中让电压做循环变化,同时测出电流并记录为 $U-I$ 曲线。

测试中对应的正向峰电流应满足 Randles-Savcik 方程:

$$i_p = 2.69 \times 10^5 \times n^{3/2} D^{1/2} v^{1/2} AC \tag{8-1}$$

式中:i_p 为峰电流(A);2.69×10^5 为 Randles-Savcik 常数;n 为电子转移数;D 为扩散系数(cm²/s);A 为电极面积(cm²);v 为扫描速度(V/s);C 为浓度(mol/L)。

对于可逆的电极反应,所获得的曲线具有某种对称性,曲线会出现两个峰,氧化峰与还原峰电位差：

$$\Delta E_p = E_{pa} - E_{pc} \approx \frac{0.058}{n}$$

氧化峰与还原峰电流差：

$$\frac{i_{pa}}{i_{pc}} \approx 1$$

由此可判断电极过程的可逆性。

【仪器与试剂】

仪器：CHI660D 电化学工作站（或其他型号），玻碳电极（工作电极），饱和甘汞电极（参比电极），铂丝电极（辅助电极），0.5 mL 移液管，50 mL 容量瓶，烧杯。

试剂：0.01 mol/L 铁氰化钾溶液，0.50 mol/L 氯化钾溶液。

【实验步骤】

（1）移取 0.50 mol/L 氯化钾溶液 20 mL 于 50 mL 烧杯中，插入工作电极、辅助电极和参比电极，将对应的电极夹在电极接线上，设置好如下仪器参数：初始电位为 0.80 V；最高电压为 0.80 V；电位增量为 0.001 V；扫描次数为 1；电流灵敏度为 1.0 μA。

（2）以 50 mV/s 的扫描速度记录氯化钾空白溶液的循环伏安曲线并保存。

（3）向烧杯中加入 0.1 mL 0.01 mol/L 的铁氰化钾溶液，同样以 50 mV/s 的扫描速度记录循环伏安图并保存。

（4）分别再向溶液中加入 0.1 mL、0.2 mL、0.4 mL 浓度为 0.01 mol/L 的铁氰化钾溶液，重复步骤（3）操作。

（5）分别以 5 mV/s、10 mV/s、20 mV/s、50 mV/s、100 mV/s、200 mV/s 的扫描速度记录最后溶液的循环伏安曲线。

（6）实验结束后清洗电极，退出软件，关闭仪器。

【数据处理】

（1）记录扫描速度 v 为 5 mV/s 时的还原峰电流 i_{pc} 和氧化峰电流 i_{pa}、还原峰电位 E_{pc} 和氧化峰电位 E_{pa}，判断电极过程的可逆性。

（2）记录不同扫描速度 v 时的还原峰电流 i_{pc} 和氧化峰电流 i_{pa}、还原峰电位 E_{pc} 和氧化峰电位 E_{pa}，以 i_{pc}、i_{pa} 对 $v^{1/2}$ 作图，验证峰电流与扫描速度的关系。

【注意事项】

（1）注意溶液配制的准确性，否则将影响实验结果。

（2）玻碳电极在测量前必须用已知 pH 的标准缓冲溶液进行标定。

（3）在每次标定、测量后，进行下一次操作前，应该用去离子水清洗电极，再用被测液清洗一次电极。

（4）测量结束后，应将电极探头部分浸入饱和 KCl 溶液中保存。

【思考题】

（1）如何利用循环伏安法判断电极过程的可逆性？

（2）利用循环伏安法还可以测得哪些数据？

第 9 章
其他仪器分析实验

9.1 差示扫描量热仪测定聚合物玻璃化转变温度和熔点

【实验目的】

(1) 熟悉差示扫描量热仪的工作原理、仪器构造和基本操作。
(2) 掌握聚合物玻璃化转变温度的含义和特点。
(3) 掌握聚合物熔点的含义和特点。

【实验原理】

差示扫描量热法(differential scanning calorimetry,DSC)和差热分析法(different thermal analysis,DTA)都属于热分析方法。DSC 是在程序控制温度条件下,测量物质和参比物之间能量差与温度变化的关系,而 DTA 是测量物质和参比物之间温度差与温度变化的关系。DSC 的设备与 DTA 的相似,DTA 设备存在两个热电偶,可以记录物质和参比物的温度差;而 DSC 设备对应的是两个补偿加热丝。在加热或冷却过程中,待测物质与参比物之间吸收或释放的热量不同,补偿加热丝会及时补偿热量,保持待测物质与参比物之间的温度始终相同,即温度差(ΔT)为 0,如图 9-1 所示。DSC 曲线的横坐标为温度(℃),纵坐标为功率差(mJ/s),也称为热流率(dH/dt)。

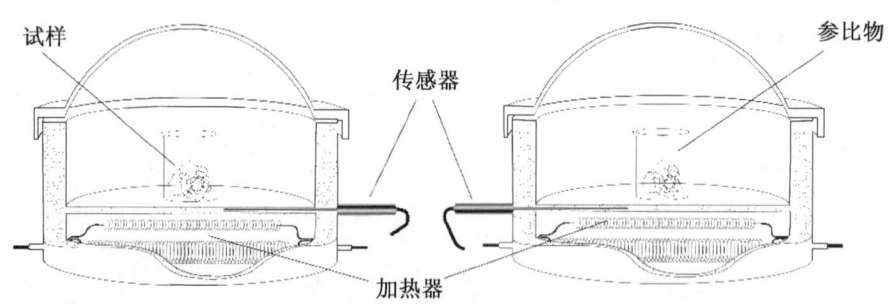

图 9-1 功率补偿型 DSC 样品支持器

DSC 具有广泛的应用,可以测量多种热力学参数,如比热容、玻璃化转变温度(T_g)、熔融温度(T_m)、熔融焓(ΔH)和反应热等。其中,T_g 为聚合物从玻璃态到高弹态的相转变温度,DSC 曲线中 T_g 为一个台阶型;T_m 为聚合物从固态融化为液态的温度,由于聚合物为不完全结晶状态,所以 T_m 为温度范围较宽的峰型;ΔH 表示分子或分子链段由有序状态转换到无序状态所需要吸收的能量,通常为熔融峰的积分面积所得。

【仪器与试剂】

仪器:耐驰 DSC214 差示扫描量热仪,十万分之一电子分析天平,铝坩埚,药匙,称量纸,镊子,工具箱,高压钢瓶。

试剂:聚苯乙烯(PS)。

【实验步骤】

(1) 仪器开机

确认测量所使用的吹扫气(N_2)情况,并调节好压力、流量;保护气流速恒定为 60 mL/min,吹扫气体流速一般为 40 mL/min;开机后,保护气体开关应始终为打开状态。开启 DSC214 主机与计算机电源,预热 0.5 h 后,进入 Proteus 软件开始测量准备。开启 Setpoint。

(2) 样品制备

先将空坩埚放在分析天平上称重,清零,随后将聚苯乙烯加入坩埚中,称取 3～5 mg 聚苯乙烯。

(3) 样品测定

新建测试,选择样品测量模式,按照相应的步骤提示填写详细的样品信息,温度区间为 25～250 ℃,升温速率为 10 ℃/min,开始测量;测量结束后不要关闭主机电源与气体,待炉体自然冷却到室温后,取出坩埚。

(4) 数据分析

打开 DSC 分析软件,选择菜单栏里的"分析",选择"玻璃化转变温度",或直接选择工具栏里的"玻璃化转变温度",选择 DSC 曲线的玻璃化转变温度区间,单击"确定",记录玻璃化转变温度。选择菜单栏里的"分析",然后选择"熔融温度",选择 DSC 曲线的熔融温度区间,单击"确定",记录熔融温度。选择菜单栏里的"分析",然后选择"熔融焓",选择 DSC 曲线的熔融温度区间,单击"确定",记录熔融焓。

(5) 关机

在测试软件中,选择"测量"菜单里的"结束等待状态",点击"停止 Setpoint",关闭软件,关闭仪器电源。

【数据处理】

在获得的聚苯乙烯 DSC 曲线上,分别记录聚苯乙烯的玻璃化转变温度、熔融温度和熔融焓。数据填入表9-1。

表9-1 聚苯乙烯热力学参数

聚苯乙烯热力学参数	结果
玻璃化转变温度/℃	
熔融温度/℃	
熔融焓/mJ	

【注意事项】

(1) 保持样品坩埚的清洁,应使用镊子夹取,避免用手触摸。

(2) 在测量的温度范围内,保证测试的样品绝对不能与样品坩埚、样品支架或热电偶发生反应。若不确定,请使用其他单独的炉子试烧。

(3) 样品不能测试到分解温度以上。

(4) 使用空气或氧气作为吹扫气时,测试温度应低于 300 ℃。

(5) 应尽量避免在仪器极限温度(550 ℃)附近进行长时间恒温操作。

(6) 试验完成后,必须等炉温降到 100 ℃以下(0 ℃以上)后才能打开炉体。

(7) 仪器的最大升温速率为 500 ℃/min,最小升温速率为 0.1 ℃/min,一般使用的升温速率为 10~20 ℃/min。

【思考题】

(1) 块状样品对于测得的玻璃化转变温度和熔点的影响有哪些?

(2) 与差热分析相比,差示扫描量热法具有哪些优点?

9.2 X射线衍射分析仪对单晶硅的物相分析

【实验目的】

(1) 熟悉 X 射线衍射分析仪的工作原理、仪器构造和基本操作。

(2) 理解晶体结构数据的意义。

(3) 掌握晶体解析的步骤和原理。

【实验原理】

X 射线作为一种电磁波,波长(λ)范围为 10^{-3}~10 nm。X 射线衍射原理如图 9-2

所示。当 X 射线辐射晶体时,晶体结构中的原子会发生散射现象形成散射波,散射波可以看作原子中心发出的源球面波。由于晶体结构中原子排布呈现周期性,散射波之间会形成干涉现象,导致散射波在特定的方向上强度增加,在其余方向上强度减弱,即衍射现象。当衍射波强度增加时出现衍射斑点,当衍射波强度减弱时没有衍射斑点。

X 射线衍射的必要条件符合布拉格定律。晶体结构中原子排布呈现周期性排列,相邻晶面的波程差(δ)可以表示为 $\delta = QA'Q' - PAP' = SA' + A'T = 2d\sin\theta$。只有 δ 为波长的整数倍时,相邻晶面的"反射波"才能干涉加强形成衍射线,所以产生衍射的条件是 $2d\sin\theta = n\lambda$。

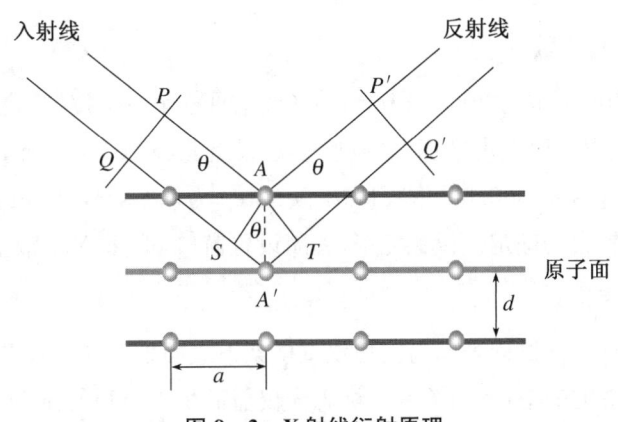

图 9-2　X 射线衍射原理

【仪器与试剂】

仪器:X'Pert Pro MPD 型或理学 Ultima Ⅳ X 射线衍射仪。

试剂:单晶硅。

【实验步骤】

(1) 开启仪器

打开配电箱冷却水系统开关;打开配电箱内仪器电源开关;关好仪器门,将仪器上的高压锁开关顺时针转动 90°;按下仪器面板上的"Power on"按钮启动仪器(高压显示 15 kV,5 mA);按下仪器面板上的"Light"按钮开启仪器内照明灯。

(2) 启动测试程序与登录

双击桌面上"X'pert Organizer"图标,启动测试程序;在登录框中填入用户名和密码,点击"OK";单击"X'pert Data Collector"图标,启动测试程序。

(3) 连接仪器

选择菜单"Instrument"中的"Connect",在弹出的窗口中选择相应的测试平台——MPSS,并对弹出的提示框点击"OK"或"Yes"。

(4) 设置电压和电流

在软件左侧窗口的"Instruments Settings"选项卡中,双击"X-ray"或其下的任意一项(行),在弹出的对话框的相应栏中[Tension(kV)和Current(mA)],按规定顺序分步直接输入数据后点击"Apply"按钮。设置顺序如下:先升电压,15 kV→20 kV→30 kV→40 kV;后升电流,5 mA→15 mA→25 mA→35 mA。每一步操作完毕,须等待5~10 s后才能进行下一步操作。

(5) 设置实验参数

选择菜单"Files"中的"Open Program"(或工具栏第2个按钮),在弹出的窗口中选择相应的测试程序后点击"OK"。实验参数设置具体如下:Start angle 为 5°,End angle 为 85°,Step size 为 0.03°/步,Time per step 为 0.2 s/步,Scan speed 一般不设置,由上面的设置自动确定。设置完毕,关闭设置窗口,选择"Yes"保存。

(6) 开始测试

放置被测样品,使试样表面与测角仪试样架下表面处于同一水平面上;关好仪器门,可听到门开关的嘀嗒声,门关好的标志为仪器面板上"Shutter Open"下三个小亮点熄灭;选择"Measure"菜单中的"Program",在弹出的窗口中选择设置实验参数时选择的程序后点击"OK",在弹出窗口中,填写样品名;点击"OK"开始测试,可以听到仪器门加锁的声音,仪器内两动臂开始动作,仪器面板上"Shutter Open"下显示"1",仪器内左侧动臂 X 光管管座上黄灯亮,仪器面板上 2θ、θ 数值随测试的进行而变化。

(7) 测试完成

仪器面板上"Shutter Open"下显示的"1"熄灭,仪器内左侧动臂 X 光管管座上黄灯熄灭,可以听到仪器门开锁的声音,仪器内两动臂下落至起始位置,仪器面板上 2θ、θ 数值回到 12.000 和 6.000。这时,可以打开仪器门取出被测样品,或更换样品重复"开始测试"的步骤进行下一个测试。测试过程中如需中止,可以点击工具栏的"STOP"按钮,并对弹出的提示选择"OK"。

(8) 数据处理

单击"X'pert Graphics & Identify"图标,启动数据处理程序;单击"New"图标(工具栏第一个),选择要处理的数据;点击"smooth"图标,点击"OK",选平滑因子(一般选"2"),点击"Apply";关闭对话框;点击"Peak Search"图标寻峰,点击"OK",点击"Print"打印数据,关闭对话框;鼠标右键点击"Diffraction Patterns",出现的对话框中"Anchor"选"Scan：smoothed"，"Shown"选"Scan：smoothed"和"Peak list：searched"，"Labels"选"Position as d-value"；去掉"Scale Factor"的数字，点击"Close"；点击"Print"图标打印图谱；选择"File"中的"Export Graph"存盘图像文件。定性分析点击"Search-match"图标。

(9) 关机

降电流、电压：分别在弹出的对话框的"Tension(kV)"和"Current(mA)"栏中，直接输入数据后点击"Apply"按钮(最后一步点击"OK")。先降电流(35 mA→25 mA→15 mA→5 mA)，后降电压(40 kV→30 kV→20 kV→15 kV)，并关闭"Light"照明灯。将仪器面板上的高压锁开关按逆时针方向转动90°，关闭仪器高压。等待30 s，按"Stand by"按钮关闭仪器。在关闭高压锁开关后2 min内必须关闭冷却循环水系统开关。关闭配电箱内开关。

【数据处理】

在获得的单晶硅XRD图谱上，分别标出单晶硅的衍射峰和晶面，数据填入表9-2。

表9-2 单晶硅物相分析

衍射角/(°)	晶面	衍射角/(°)	晶面

【注意事项】

(1) 在操作前需用酒精清洗载玻片。

(2) 样品测试时X射线所有防护罩和防护门应处于紧闭状态。

(3) 注意老化电压和老化电流的升降程序。

(4) 如果发现循环水外漏，应先切断电源再检查各个接口，严禁带电操作。

(5) 关机之前应检查外循环水是否关闭。

【思考题】

(1) 单晶硅与多晶硅的 XRD 峰的个数和种类有什么区别?

(2) 除了结构缺陷和应力等因素外,为什么粒径越小,衍射峰越宽?

(3) XRD 衍射强度和峰的宽度是与样品颗粒大小有关,还是与晶体颗粒大小有关?

9.3　ZSM-5 分子筛的比表面及孔径分析

【实验目的】

(1) 了解微孔材料表面积的测定和孔径分析的原理及方法。

(2) 熟悉吸附仪的工作原理、仪器构造和基本操作。

(3) 学会用静态氮气吸脱附法测定分子筛样品的比表面积和孔径分析。

【实验原理】

比表面积和孔径分析是多孔材料十分重要的表征数据。比表面积是指 1 g 固体物质所具有的比表面积值;孔径分析是多孔材料的孔体积相对于孔径大小的分布及平均孔径的分析。吸脱附等温线是研究多孔材料比表面积和孔径分析的基本依据。一般来说,获得吸脱附等温线后,方能根据合适的理论方法计算出比表面积和进行孔径分析。

所谓吸脱附等温线,表示的是对于给定的吸附剂和吸附质,在一定的温度下,吸附量(脱附量)与一系列相对压力之间的变化关系。最经典也是最常用的测定吸脱附等温线的方法是静态氮气吸脱附法。其原理是以 N_2 为被吸附气体,He 或 H_2 作为载气,当样品温度降低到氮气沸点温度(-195.8 ℃)时,氮分子能量降低,在范德瓦耳斯力作用下被固体表面吸附,达到动态平衡后,形成近似于单分子层状态。由于氮分子直径相对于样品的各种物理空隙形态都足够小,能充分地布满及进入样品的各种物理结构形态中,所以能准确而全面地反映固体表面积大小。当混合气体中氮气的分压在 BET 公式要求的 0.05~0.35 时,样品对氮分子的吸附量与其总比表面积成线性关系,即可以用氮气被吸附量来定量表征样品的总表面积。基本测定方法是先将已知重量的样品置于样品管中,对其进行抽空脱气处理,并可根据样品的性质适当加热以提高处理效率,尽可能地让样品的表面洁净;将处理好的样品接入测样系统,套上液氮冷阱;吸附达到平衡后,精确测量压力值;通过已知的样品管体积等参数,根据压力值可以计算出氮气的未被吸附量;用已知导入氮气总量扣除氮气未被吸附量,即可求得此相对压力下的氮气被吸附量;继续导入或者移走定量的氮气,测出不同平衡压力下的吸附量,描点成线,即可获得吸脱附等温线。

目前常用 D-R 方程(Dubinin 和 Radushkevich 提出的由吸脱附等温线的低中压部分来描述微孔吸附的方程)来推算微孔材料的比表面积。常用 DHK 方程(Horvath 和 Kawazoe 提出的描述微孔吸附的方程)和 DFT(Density Functional Theory)方程来描述微孔孔径分布,可得到微孔体积相对于孔径的分布曲线,即孔径分布图。解析孔径分布图即可得到平均孔径。

【仪器与试剂】

仪器:ASAP-2020 HD88 比表面及孔径物理吸附仪,分析天平,药匙,称量纸。

试剂:ZSM-5 分子筛粉末。

【实验步骤】

(1) 开机

打开氮气钢瓶总阀,调节输出压力为 0.12 MPa,不超过 2.0 MPa。依次开启计算机、仪器主机和泵的电源。双击桌面"ASAP2020"图标。

(2) 样品脱气

准确称量并记录"带塞样品管空管质量",填装一定质量的样品,要求待测样品充分干燥,样品质量在 0.1 g 以上,可根据材料的比表面积估算所需样品的质量 40/BET,最多不超过圆底瓶颈处。

点击主菜单栏"File—open—sample information"选择数据保存路径,修改样品文件名,根据材料孔径大小选择合适模板,点击"replace all"。点击"Degas—conditions",根据材料特性修改"hole time",默认 300 ℃,点击"save""close"。点击"Unit 1—start degas",通过"Browse"选择需测试的样品文件。点击"Start"进行脱气。

(3) 样品分析

脱气结束后,小心移开加热套,等待样品管表面温度降至室温。准确称量"带塞样品管+样品"的质量并记录。将样品管安装至分析口。

点击"Unit 1—sample analysis",选中已经脱气处理的样品,修改样品与空管质量,点击保存,开始分析。

(4) 关机

样品分析结束后,系统自动处于真空状态。一般不需要关闭仪器主机电源和软件界面。

【数据处理】

用仪器自带的软件处理 ZSM-5 分子筛的数据,其中比表面积的计算选用 Dubinin 法,孔径分布用 HorV./Kaw 法。记录样品的比表面积数据,用 origin 绘制孔径分布图并分析平均孔径,数据填入表 9-3。

表 9-3　ZSM-5 分子筛的比表面积和平均孔径

分子筛	比表面积/(m²·g⁻¹)	平均孔径/nm
ZSM-5		

【注意事项】

(1) 样品脱气温度应低于样品的分解温度。
(2) 脱气操作涉及高温,注意防止烫伤。
(3) 样品测试过程中涉及液氮的使用,注意防止冻伤。

【思考题】

(1) 进行测试前,为何要对样品进行脱气处理?
(2) 分析 ZSM-5 分子筛吸附等温线的形状,确定其为第几类吸附等温线,并分析比表面积、孔径分布与吸附等温线之间的关系?

9.4　气相色谱-质谱联用分析矿物盐中二甲砜和二甲亚砜

【实验目的】

(1) 了解气质联用仪的基本结构和工作原理。
(2) 熟练掌握气质联用仪的基本操作。
(3) 学习利用气质联用仪进行定性和定量分析。

【实验原理】

气相色谱法进行定性分析主要是通过比较已知纯样和未知物的保留参数。当定性分析的组分未知或者纯样无法获得时,对组分的定性分析就会比较困难。随着其他仪器分析的发展,通过气相色谱法和其他定性或者结构分析的手段直接联机,可以解决气相色谱法定性困难的问题。

质谱法是在高真空系统下,被分析样品经毛细管柱分离,进入离子源,当使用电子电离源(electron ionization,EI)时,可以使待测的样品分子汽化,用具有一定能量的电子束轰击气态分子,使其失去一个电子而成为带正电的分子离子,分子离子还可能断裂成各种碎片离子,所有的正离子在电场和磁场的综合作用下按照质荷比大小依次排列而得到质谱图。质谱图为离子信号与质荷比的函数曲线图,在质谱图中,分子离子和碎片的质量数可用于确定化合物的元素组成或同位素特征。质谱仪包括进样系统、电离系统、质量分析系统和检测系统等。为了获得离子的良好分离和分析效果,避免离子损失,凡有样品分子及离子存在和通过的地方,必须处于真空状态。

含同位素的离子称为同位素离子,在质谱中,与同位素离子相对应的峰称为同位素离子峰,同位素峰的强度与同位素的丰度是相当的,有机化合物中常见同位素的天然丰度如表 9-4 所示。

表 9-4 常见同位素的天然丰度

轻的同位素天然丰度		重的同位素天然丰度	
^1H 99.985%		$D(^2H)$ 0.015%	
^{12}C 98.891%		^{13}C 1.107%	
^{14}N 99.64%		^{15}N 0.36%	
^{16}O 99.759%	^{17}O 0.037%	^{18}O 0.204%	
^{32}S 95.0%	^{33}S 0.76%	^{34}S 4.24%	
^{19}F 100.0%			
^{35}Cl 75.8%		^{37}Cl 24.2%	
^{79}Br 50.537%		^{81}Br 49.463%	
^{127}I 100%			

除了氯和溴有很明显的同位素离子峰,其他的同位素离子峰很小,可忽略不计。

将气相色谱仪与质谱仪联用,即气-质联用(gas chromatography-mass spectrometry,GC-MS),可扬长避短,既弥补了气相色谱法只凭保留时间难以对复杂化合物中未知组分做出可靠的定性鉴定的缺点,又利用了鉴别能力很强且灵敏度极高的质谱仪作为检测器。凭借其高分辨能力、高灵敏度和分析过程简便快速的特点,GC-MS 在环保、医药、农药和兴奋剂等领域起着越来越重要的作用,是分离和检测复杂化合物的最有力工具之一。

【仪器与试剂】

仪器:气相色谱-质谱联用仪,微量进样器,电子分析天平,容量瓶。

试剂:甲醇(色谱纯),二甲亚砜(纯度>99%),二甲砜(纯度>99%),矿物盐样品。

【实验步骤】

(1) 色谱操作条件

① 气相色谱条件

载气:氦气。色谱柱:Stx-500 15 m×0.25 mm×0.15 μm。进样口温度:280 ℃。柱流量:1.6 mL/min。进样方式:不分流。进样体积:1 μL。程序升温:110 ℃(2 min),40 ℃/min 升温至 220 ℃(0.5 min),10 ℃/min 升温至 270 ℃(2 min),40 ℃/min 升温至 310 ℃。检测器温度:290 ℃。

② 质谱条件

电子电离源(EI源)。电子轰击能量:70 eV。离子源温度:250 ℃。接口温度:290 ℃。溶剂切割:1.5 min。开始采集:2.0 min。定量方法:外标法。

(2) 样品处理

将矿物盐研磨至细小颗粒,精密称取 20 mg 于 10 mL 容量瓶中,加入甲醇溶解并定容。精密量取样品溶液 1 μL,按程序进样,记录色谱图,可先根据各峰的特征碎片峰确定矿物盐中是否含有二甲亚砜和二甲砜。

(3) 对照品溶液制备

分别精密称取二甲砜和二甲亚砜 0.01 g 于 10 mL 容量瓶中,加入甲醇定容,得到浓度为 1 mg/mL 的二甲砜和二甲亚砜溶液,作为对照品溶液。

(4) 空白溶液制备

除不加试样外,按样品溶液制备步骤进行制备。

(5) 测样

精密量取空白溶液、对照品溶液各 1 μL,按程序进样,记录色谱图,按外标法计算矿物盐中二甲砜和二甲亚砜的含量。

【数据处理】

矿物盐中二甲砜和二甲亚砜的含量计算公式:

$$X = \frac{A \times c \times V}{A_s \times m} \tag{9-1}$$

式中,A 为样品溶液中二甲砜(或二甲亚砜)的峰面积;A_s 为对照品溶液中二甲砜(或二甲亚砜)的峰面积;c 为对照品溶液中二甲砜(或二甲亚砜)的浓度;V 为最终样品溶液的体积;m 为最终样品溶液所代表的样品量。

注意:计算结果需扣除空白值。

【注意事项】

(1) 在进行测试以前,要进行充分的抽真空,保证测试结果的准确性和重现性。

(2) 为延长仪器寿命,一般使用后都不关机,以维持真空。

(3) 仪器长时间没有使用后,再次使用前要进行调谐操作。

(4) 可以通过调谐报告或者质谱本底看出离子源是否脏污,若脏污应及时卸下清洗,但要注意安装顺序以及清洗时使用的试剂等工具。

【思考题】

(1) 气质联用仪相较于气相色谱仪或质谱仪单独使用有何优缺点?

(2) 简述 GC-MS 的适用范围。为什么使用 GC-MS 时要求提供所测化合物的结构式?

9.5 通过核磁共振氢谱(^{1}HNMR)测定有机化合物结构

【实验目的】

(1) 熟悉核磁共振谱仪的工作原理、仪器构造和基本操作。

(2) 学习有机化合物测定核磁共振氢谱的制样方法。

(3) 了解核磁共振氢谱的解析过程,学会用 ^{1}HNMR 谱图确定有机化合物结构。

【实验原理】

一个核要从低能态跃迁到高能态,必须吸收 ΔE 的能量。让处于外磁场中的自旋核接受一定频率的电磁波辐射,当辐射的能量恰好等于自旋核两种不同取向的能量差时,处于低能态的自旋核吸收电磁辐射能跃迁到高能态,这种现象称为核磁共振。原子核是带正电荷的粒子,不能自旋的核没有磁矩;若有自旋现象,就会产生磁矩。不同的原子核,其自旋运动的情况不同,可以用自旋量子数 I 表示。核磁共振(nuclear magnetic resonance, NMR)信号与质量数、原子序数和自旋量子数的关系如表 9-5 所示。

表 9-5　NMR 信号与质量数、原子序数和自旋量子数的关系

质量数	原子序数	自旋量子数 I	典型原子核	NMR 信号
偶数	偶数	0	^{12}C、^{16}O、^{32}S、^{28}Si	无
偶数	奇数	1, 2, 3…	^{2}H、^{14}N	有
奇数	奇数或偶数	1/2, 3/2, 5/2…	^{1}H、^{13}C、^{19}F、^{31}P、^{35}Cl	有

核磁共振主要是由原子核的自旋运动引起的。$I=0$ 的原子核没有自旋现象,因此不会产生核磁共振吸收谱图;$I \geqslant 1$ 的原子核的电荷分布可以看作一个椭圆体,电荷分布不均匀,在核磁共振的应用较少;$I=1/2$ 的原子核(^{1}H,^{13}C,^{19}F,^{31}P 等)都是电荷分布均匀的自旋球体,特别适用于核磁共振实验。^{1}H 在自然界的丰度接近于 100%,核磁共振容易测定,且氢原子是组成有机化合物的主要元素之一,因此,在有机分析中,对核磁共振氢谱($^{1}HNMR$)的研究十分重要。

当氢核处于外加磁场中时,电子的运动会产生感应磁场,其方向与外加磁场相反,起到对抗磁场的作用,称为屏蔽作用。由屏蔽作用引起共振时磁感应强度的移动现象称为化学位移,用 δ 表示。各种氢核周围电子云密度不同,共振频率有差异,其化学位移的大小也会有所不同。因此,根据化学位移的大小可以推测氢核所处的化学环境,从而确定有机化合物的分子结构。在实际应用的过程中,一般会选用一个参考物作为标准,规定其 $\delta=0$,比较常见的参考物为四甲基硅烷(TMS)。对化学位移影响最大的是电负性和各向异性效应,其他能影响电子云密度的因素,如氢键、溶剂效应、范德华效应等也会影响化学位移。

本实验是依据仪器所测得样品的 $^{1}HNMR$ 中各种类型的氢的个数、化学位移及其偶合常数等,根据已知的分子构造式,推断出分子的结构。常见质子的化学位移如表 9-6 所示。

表 9-6　常见质子的化学位移

质子类型	化学位移 δ
RCH_3、R_2CH_2、R_3CH	0.9~1.8
—Ar—H	6.5~8.5
$COCHR_2$	2.0~2.5
—$ArCHR_2$	2.3~2.8
—O—CHR_2	3.2~4.0
—RCHO	9~10
RCOOH	10~13*
ROH	0.5~5*
ArOH	6~8*

注:* O—H 的化学位移受到温度和浓度的影响。

【仪器与试剂】

仪器:Bruker Advance Ⅲ(400 MHz)谱仪,核磁管(含帽),分析天平,深度规。
试剂:未知试样(化学式 $C_8H_8O_2$),氘代氯仿($CDCl_3$)。

【实验步骤】

(1) 样品配置

称取 5 mg 试样溶解于 0.5 mL 氘代氯仿中制成溶液,装于 5 mm 核磁管中待测,核磁管外部用天然真丝布擦拭干净后插入转子中,用深度规量好高度。

(2) 测谱

放置样品→匀场→建立新文件→设定 ^{1}HNMR 谱采样脉冲程序及参数→采样→设定谱图处理参数→处理谱图→绘图。

(3) 谱图解析

【数据处理】

样品核磁谱图记录于表 9-7 中。

表 9-7 样品核磁谱图记录

峰的代号	化学位移/ppm	积分面积	质子数	峰形	结构式
0	0	—	—	单峰	TMS 的甲基峰
1					
2					
3					
4					
5					

(1) 由分子式计算不饱和度。
(2) 根据 ^{1}HNMR 和不饱和度推测未知试样的结构。

【注意事项】

(1) 样品管的插入与取出要小心谨慎,切忌折断或碰碎在探头中;样品管外壁应擦试干净,用深度规测量高度时力求做到准确无误,以保证样品在磁体中心位置。

(2) 由于核磁共振实验的特殊性,不能将磁性物体带到磁体附件,尤其是探头区。

(3) 待测样必须澄清透明，保证完全溶解。

【思考题】

(1) 一张 ^{1}HNMR 谱图能提供哪些参数？每个参数都是如何与分子结构相联系的？

(2) 核磁共振的三要素是什么？

ue
第 10 章

常用大型分析仪器操作规程及日常维护

10.1 Thermo Nicolet Avatar 370 傅里叶变换红外光谱仪操作规程及日常维护

【开机】

(1) 开机前先检查样品室内有无异物，拿出样品室里的干燥剂。

(2) 依次打开电源总闸、稳压器、红外光谱仪主机、计算机电源。仪器自动执行自检，双击"EZ OMNIC"彩色三菱形图标。红外光谱仪开机后很快就能稳定，光源通电 15 min 能量达到最高值，开机后 30 min 即可测试样品。

【样品测量和数据保存】

(1) 双击"EZ OMNIC"，右上角出现绿色的"√"表示软件与主机连接成功。点击"collect"及"Experiement step"设置测试参数，固体样品为 scans 32，液体样品为 scans 16；勾选"save automtically"和"Collect background after every sample"。打开样品仓，放置样品，点击"col samp"测试样品。

(2) 测完样品后，取出样品，点击"OK"。测背景（空白的 KBr 片或者空气为背景），测试完成后，点击"确定"，得到样品的红外光谱图。

(3) 按顺序依次单击"Absorb""Aut Bsln""％Trans"，选择峰为正的峰，单击"clear"。单击"process"和"smooth"对图谱光滑，选择有毛刺的峰，单击"clear"。点击"View"和"Display Setup"，勾选需要的选项。单击"Find pks"标峰，点击"Clipboard"复制数据到一个新建的文本里；点击"replace""copy"，把红外图谱粘贴到文本里。点击"File"中的"Save as"保存数据（SPA 和 CSV 两种格式）。

【关机】

点击软件"File"中的"Exit"退出软件；关闭红外主机；把干燥剂放回样品仓；填写仪器使用记录。

【日常维护】

傅里叶变换红外光谱仪正常工作时对室内温度、湿度、供电电源、磁场及清洁程度有要求。参照国家标准 GB/T 21186—2007《傅立叶变换红外光谱仪》和中国药典 2020 年版第四部《0402 红外分光光度法》规定，要求仪器应放在平稳的工作台上，附近应无强电磁场干扰源，电源应接地良好，地线电阻最好能在 1 Ω 以下；电源的电压为(220±22)V,频率为(50±1)Hz;室内环境应清洁,无强光直射,无腐蚀性气体;温度在15~30 ℃,如果仪器间温度太高或太低,仪器都不能正常工作;仪器间和操作间的相对湿度应小于70%。在实际使用中,对仪器的工作条件控制更加严格,管理员需通过开启空调和除湿机保持室内温度在18~25 ℃,相对湿度维持在50%左右。在南方,夏天空调应置于除湿模式,且开除湿机;冬天室内相对湿度会降到30%以下,用空调控制好室内温度即可。仪器配备稳压电源以防意外断电又突然恢复供电对仪器的电子元件造成损坏。如果采用独立稳压电源,输出功率应为仪器额定功率的两倍左右,如果只有红外主机和计算机,配备1 kW的稳压电源足以。实验室里的二氧化碳含量不能太高,所以应控制实验室里的人数,无关人员不要进入实验室,并注意定期通风换气,但需要尽快关上窗户,有条件的实验室应将过滤后的空气送入室内。为了延长仪器的使用寿命,下班后仪器最好关机,因为仪器的电源变压器、红外光源及检测器等都是有寿命的。如果仪器不常用,需要保证每周开机至少两次,每次半天。红外光谱仪的零部件中,分束器和检测器最怕受潮,要经常观察干燥剂的颜色,及时更换失效的干燥剂;硅胶干燥剂在120 ℃下烘烤激活,硅胶烘烤后在放入样品仓前应该先冷却至室温。建立和保管好红外光谱仪的技术档案材料。每两年对仪器的性能进行自检。自检内容包括仪器的信噪比、最高分辨率、标准聚苯乙烯薄膜光谱数据的重复性和数据的精度、基线倾斜、仪器能量值等。分析测试需要有详细的使用记录,如使用日期、使用人、样品数、设备运行情况等,都应如实地记录在设备运行记录本上。

10.2 岛津 UV-2600 紫外-可见分光光度计操作规程及日常维护

【开机】

开机前保证样品仓内无样品及其他物品,以免遮挡光路,实验室温度保持在15~30 ℃,相对湿度保持在60%以下。打开UV-2600主机电源,仪器自检,绿灯闪烁。当有鸣响声发出且绿灯不闪,则表明自检完成,该过程约5 min。开机预热30 min 后,双击电脑桌面"UVProbe"图标进入工作站。

【样品测定】

(1) 光谱扫描

单击工具栏"光谱测定"图标,进入光谱测定模块。单击左下方"连接",UV 主机会给出自检报告,所有结果均为绿色,则自检通过(一般为 5 min 左右),点击"确定"。单击工具栏"M"图标,在各选项卡中设定"波长范围""扫描速度""测定方式""检测单元""狭缝宽度""光源转换波长"等参数。打开主菜单栏"开关图像面板""数据处理面板"和"方法面板"。将两个空白样品放入样品仓,点击"基线"。基线校正完成后,点击"到波长"设置波长为 500 nm,再点击"自动调零",得到最正确的基线。更换样品池样品,参比池不动,点击"开始"测试样品。测试结束后,点击菜单栏"文件",根据所需格式另存文件。点击菜单栏"打开",可调用已测试样品的光谱图;点击"操作",可根据需要获取谱图信息(峰值检测、选点检测等)。

(2) 光度测定

① 原始数据法

单击工具栏"光度测定"图标,进入光度测定模块。点击"M"对话框中的"波长"输入波长,波长类型为"点"。点击"校准",在校准方法中选择"原始数据",点击"关闭"。点击菜单栏上的"校准表""样品表""工作曲线""样品图"。将两个空白样品放入样品仓(若单波长测定,点击"自动调零";若多波长测定,点击"基线",扫描范围应包含所选波长),在样品表输入待测样品信息(样品名必须是英文或数字)。选中待测样品,点击界面下方"读取 unk",储存谱图文件完成扫描。点击"编辑"中的"清除样品表",可进行其他工作。

② 多点法

单击"光度测定"图标,点击方法设置"M",在"波长"中输入波长,点击"下一步",选择"标准曲线",类型选择"多点",选择"波长",设置测定参数后点击"关闭"。将两个空白样品放入样品仓,点击"自动调零",在样品表中输入样品名和各样品浓度,分别放入对应浓度样品,点击"读取 std",点击"是"。界面右侧图给出样品对应的点并自动绘制标准曲线。点击菜单栏"图像",点击"标准曲线统计"即可给出标准曲线相关信息(方程式、相关系数等)。点击"文件"可另存。

(3) 动力学(恒温下吸光度随时间变化)

点击主菜单栏"动力学"图标,点击"M"输入波长和时间,将两个空白样品放入样品仓,点击"自动调零",再将样品放入,点击"开始"即可测试。

(4) 恒温池的使用

卸下标准池,安装恒温池(恒温池上方的接口可以通干燥空气,测样时用保温盖盖住样品,恒温池温度范围为 7~60 ℃)。按钮在 OFF 时设定温度,按钮推到 ON 进行加热。

(5) 积分球的使用

卸下标准池,安装积分球(积分球上面可以看到 S 和 R 标记,S 的对面为样品位置,R 的对面为参比位置)。点击方法设置"M",弹出对话框,在选项"仪器参数"中选择"反射率"、设置"狭缝"宽度(积分球波长范围为 220~850 nm,狭缝至少 5.0);在选项"检测器单元"中选择"外置单检测器"。测试之前先用两个 $BaSO_4$ 白板测基线(积分球不调零),取下白板放入样品。实验如需测定膜或悬浊液样品,可以在样品和参比处放白板,在光路进入处前端放薄膜或者悬浊液支架来测定其反射率,还可通过光栅控制光强,实验如需测定镜面样品,只能用积分球测。点击"M""仪器参数""S/R 转换""相反",同时将积分球样品台中待测样品和参比样品的摆放位置对调。

【关机】

(1) 先断开 UV Probe 与仪器的连接,退出软件,关闭仪器主机电源,及时取出样品仓内比色皿,保持样品仓清洁;关闭计算机。

(2) 若实验中使用恒温池或积分球,请于实验结束后更换成标准池。

【日常维护】

紫外-可见分光光度计属于精密光学仪器,在日常使用中对仪器进行恰当的维修与保养,不仅能保证仪器的可靠性和稳定性,也可以延长仪器的使用寿命。仪器要求放置在平稳的工作台上,避免震动,避免强磁场、电场,避免日光直射。室内温度在 15~35 ℃,相对湿度为 45%~80%,如果温度高于 30 ℃,则湿度必须小于 70%。仪器应远离腐蚀性气体,并避免置于任何可能导致紫外区吸收的含有机/无机试剂气体的区域。供电电压应稳定,有可靠接地。一般给仪器外配一个稳压器,仪器不用时请关机,并拔掉电源插头,并用罩子盖住仪器,以免积灰。如果仪器不经常使用,每周也须开机 2 小时,以除去潮气;应经常观察干燥剂状态,及时更换干燥剂以保持仪器处于干燥状态,避免光学元件、电子元件受潮影响仪器性能。

仪器在开机后会自动自检,如果有物品放在样品室中会导致自检出错,因此在开机之前,先要检查样品室中是否有比色皿或其他物品。如果样品室中有漏液,请及时擦拭干净,否则会引起样品室内的部件腐蚀和螺钉生锈。对易挥发和腐蚀性的液体,要尤其注意,测试时盖上比色皿盖。测试结束后,请及时将比色皿从样品室中取出,否则液体挥发会导致镜片发霉。仪器外壳表面经过喷漆工艺处理,如果不小心将溶液漏洒在外壳上,请立即用湿毛巾擦拭干净,杜绝使用有机溶液擦拭。如果长时间不用,应使用软布稍微蘸取水或者中性清洁剂溶液轻柔擦拭外表面,避免蘸取过量而导致液体流入仪器内部。

通常可通过调节溶液浓度或改变光程 L 来控制 A 的读数在 0.15~1.00。当 $A=0.434$ 时,吸光度读数误差最小。每次测量结束或更换溶液时,需要及时清洗比色皿,然后将其放在低浓度酸性溶液里浸泡,浸泡后用去离子水冲洗比色皿的内外壁,否则比色皿壁上的残留溶液会引起测量误差。完成样品测定之后,比色皿依次用去离子水、乙醇清洗,吹干后放回比色皿盒中。如果比色皿比较脏,可在 30~50 ℃ 的洗涤剂水中浸泡约 10 min,然后用去离子水清洗,再在加有少量过氧化氢的稀硝酸中浸泡约 30 min,最后用去离子水清洗。如果比色皿被有机物玷污,应先用如丙酮等有机溶剂将有机物洗去并用去离子水清洗。

定期对紫外-可见分光光度计进行检定,检定项目包括比色皿的配比检查、波长准确度检查、吸光度准确度检查、噪声和漂移、杂散光。

10.3 日立 F-7000 荧光分光光度计操作规程及日常维护

【开机】

开机前保证样品室内无样品及其他物品,依次打开仪器主机电源(观察主机正面面板右侧的 Xe LAMP 和 RUN 指示灯依次亮起来),打开电脑,然后再打开软件"FL Solution 2.1 for F-7000",主机自行初始化,扫描界面自动进入,预热 30 min。

【方法设置】

单击"Method",点击"Measurement"选择"3-D scan",关闭后点击"Pre Scan"。点击"Method"选择"Instrument Monitor";"Data mode"选择"Fluorescence";"EX Start"输入 200;"EX End WL"输入 500;"EM Start WL"输入 210;"EM End WL"输入 700;"Scan speed"设置为 30 000;点击"update","EX slit"和"EM slit"一般为 5.0;"PMT Voltage"选择 700;"PMT Voltage 0-1000v"打钩后可随意写电压值;在"Response"中选择"Auto";点击"Monitor","Max"填 5 000 或 10 000,"Min"填 0;"Contour"填 10;"Open data processing window after data acquisitior"打钩,确定后点击"Pre Scan"。点击图谱颜色最浓、最深、纵坐标最高的漩涡中心点即可出现最佳激发波长、最佳发射波长及强度[若中心点太密,可点击右键,选择"scale",将"contour"由 10.00 改为 100,点击"确定",再点击纵坐标最高的漩涡中心,在左上角即可出现最佳激发波长(EX)、最佳发射波长(EM)及强度]。

【样品测量和数据存储】

点击"Method",对话框"General"中"Measurement"选择"Wavelength scan";"Instrument Monitor"中"Scan mode"选择"Emission";"Data"选择"Fluorescence";"EX WL"输入预扫描中得到的最佳激发波长;"EM Start WL"输入比最佳激发波长

大 10 nm 的数据;"EM End WL"输入 700;"Scan speed"选择 240 或 1 200;"EX slit""EM slit""PMT Voltage""PMT Voltage 0－1000v"步骤同预处理;"Response"选择"Auto","Replicates"选择 1,"Cycle time"填 0。

在"Monitor"的"Max"处填 1 000 或 2 000 或 10 000(可根据预扫描结果的荧光强度值填写 Y 轴荧光强度的最大值);"Min"填 0。"Contour"中填写 10;"Open data processing window after data acquisitior"前打钩;点击"Sample ABC"进行数据存储模式及途径设置。点击右上角"Measure"对样品进行测试。测试完后点击"report",点击"另存为"可将图谱数据另存为 excel 格式。

【关机】

关闭运行软件 FL Solution 2.1 for F－7000,选中"Close the lamp,then close the monitor windows?",点击"Yes"(观察 Xe LAMP 指示灯暗下来,而 RUN 指示灯仍亮着);约 10 min 后,再关闭仪器主机电源;关闭计算机。

【日常维护】

仪器要求放置在平稳的工作台上,实验台应承重良好,台面水平。保证没有强烈震动或持续的弱震动,附近没有产生高频波的仪器。避开阳光直射,仪器室保持干净。仪器室配置空调和抽湿机,以控制室内温度在 20～25 ℃,相对湿度为 45%～85%,应避免因室温忽高忽低使荧光仪检测系统性能不稳定。供电电压为(220±10) V,应设立单独的地线,接地电阻小于 1 Ω,以免外界的电磁干扰。一般给仪器外配一台规格 3 kW、单相 220 V 高精度交流稳压电源,仪器不用时请关机,并拔掉电源插头,用罩子盖住仪器,以免积灰。

仪器开机、关机时应注意启动顺序。为延长仪器使用寿命,扫描速度、负高压、狭缝的设置一般不宜选在高档。在安装氙灯时,务必关掉主机、灯电源,将电源的电源线拔离,确认仪器完全断电,以防触电事故的发生。

(1) 氙灯的保养与维护

氙灯是荧光分光光度计的一个重要部件,它的正常使用寿命通常为 500 h 或 1 000 h。氙灯在使用时不宜频繁开关,氙灯关闭后需要重新开启前,须等待半小时,确保氙灯完全冷却后再开启,以免缩短其寿命。仪器关机时,应在关闭氙灯后等待约十分钟,再关闭仪器主机电源,目的是仅让风扇工作,使氙灯室散热。

为了得到稳定准确的测试数据,同时也出于仪器使用安全的考虑,在氙灯达到正常使用寿命时应及时更换新的氙灯。在更换新氙灯前,务必关断所有电源,而且要等氙灯完全冷却后再更换(通常需要 2 h),以防烫伤。更换氙灯时,首先,注意不要用手触摸灯的表面,以防留下指纹、汗液,可戴手套操作;如果手不小心触碰到了,可用擦镜纸或脱脂棉蘸无水乙醇拭去。其次,注意不要用太大力或撞到氙灯。再次,安装氙灯时注意不能接反正负极,否则可能引起爆炸事故。最后,注意不要用眼睛直视氙灯发出的光,以免对眼睛造成损伤。被更换下来的旧氙灯内充有高压氩气,务必要妥善处理;可用厚布包住旧灯,包裹三层,然后用铁锤打烂灯上的玻璃窗。

(2) 样品室的保养与维护

在使用中,样品室被污染是经常会遇到的,如不采取必要的措施,会直接影响测试的正常进行,严重的甚至会造成仪器的损坏,所以需要特别注意保护样品室不受样品污染。通常来说,需要注意的污染源有以下几点。

① 固体污染主要是粉末污染。例如,若有高发光效率的发光粉末落在样品室,则测量弱发光样品时会干扰测试,需要特别留意。夹好的样品放入前,用洗耳球吹一下,可减少洒落。

② 液体污染。在取放样品时,样品池中的液体若不小心溅到样品室里,要及时清洗。

③ 气体污染。具有腐蚀性的酸性气体,对于光学元件的污染是不可逆的,会直接影响仪器的使用寿命。在测试此类气体时,样品室需要和周边的光学元件隔离,采用光学窗口保证测试正常进行。

④ 指纹污染。当狭缝开到比较大时,留在样品仓上的指纹、汗液可能会发光,影响测试。因此,测试时请戴上手套。

⑤ 水汽污染。做液氮低温或变温低温实验时,会导致窗口表面水汽凝结,影响测量数据,可以用干燥空气或氮气吹扫样品仓,驱走水汽。

(3) 光电倍增管(photomultiplier tube, PMT)的维护要点

在切换光源、修改设置或放样品之前必须把狭缝关到最小,防止强光照射时,通过光阴极的电流超过 PMT 的容许值,导致光阴极的光敏性下降,甚至损坏光电倍增管。

应经常清洁 PMT 外壳,保持干净无尘;不要用手直接触摸其外壳。PMT 的光阴极具有光敏性,对其所有的操作都要在弱光下进行。

荧光分光光度计的性能指标通常包括信噪比、波长准确度、波长重复性、检出限、线性、光谱校正误差、荧光池成套性、光谱仪探测范围、荧光寿命测量范围、光源、单色器、是否提供变温环境等。通过这些指标参数,可以对仪器的基本性能有大致了解。这些技术指标的测试方法可参照国家计量技术规范 JJG 537—2006《荧光分光光度计检定规程》,也可以参照仪器供应商提供的验收方法进行。校准的周期视情况而定,但是当条件改变(如更换光源灯、光电倍增管等)或对测量结果有怀疑时,都应及时对仪器进行校准。

10.4 岛津 AA-6880 型火焰法原子吸收光谱仪操作规程及日常维护

【开机】

（1）断电状态下确保待测元素空心阴极灯正确安装，不要摸灯标签以上部分。灯底有个小凸起，对应灯座架上的小凹口。烟窗放上，白色模块放上。

（2）打开"四开关一阀"：打开通风箱的开关；打开空气压缩机开关，二次压力通过黑色的钮往外拉调到 0.35 MPa～0.38 MPa，（顺大逆小）将黑色钮向里推紧；打开乙炔气瓶的主阀门，调节二次压力阀到 0.09 MPa～0.1 MPa；打开原子吸收主机开关；电脑开机。

（3）打开 WizAArd 软件，点击"操作"，双击右边图标，输入 ID 为 admin，密码为空。弹出来的对话框点击"取消"，点击"仪器"中的"连接"，仪器开始自检。清洁 C_2H_2，清洁 Air，不用清洁 N_2O，点击"关闭"。点击"废液传感器检测"，30 天的有效期内请点击"否"，若点击"是"，按提示操作，将废液传感器提到液面以上点击"确定"，放至液面以下，点击"确定"。自检过程不需要对 N_2O 进行操作，点击"否"。需要执行"燃气压力传感器检测"，需要执行"漏气检查"（漏气检查时间为 8 min，检查完后会自动弹出对话框"未检测到漏气"），点击"确定"，弹出来的对话框中每个小框认真检查后都要勾选，点击"确定"。

【参数设置和测试】

点击软件左下角"Wizard"图标，双击"元素选择"，选择需要测定的元素，选择"火焰连续法"，点击"确定"。点击"编辑参数"设置光学参数、重复测量条件、测量参数和校准曲线参数。

（1）光学参数

灯位设定、灯座号、点灯方式选择氘灯扣除背景 BGC-D2。[EMISSION（石墨炉法调原点位置用）、NON-BGC（火焰法里调燃烧头原点位置用）和 BGC-D2（火焰法或石墨炉法正常测试用）]。

（2）重复测量条件

弹出来的"需要执行谱线搜索和光束平衡"的对话框中选择"确定"，待"谱线搜索"和"光束平衡"都"OK"时，点击"关闭"。根据需要自行设定重复次数，仪器自动求

RSD,与设定的 RSD 做比较,小于等于设定的 RSD 值时,则不往下做,自动求平均值。

(3) 测量参数

选择 SM-M-M(start measure-measure-measure)测量方式,同一个样的平行间只需要点击 1 次"start"。

(4) 校准曲线参数

单位选择 μg/mL 或 ppm,校正曲线次数选择 1 次,2 个标准点及以上标准曲线可不通过原点,1 个标准点零截距要勾选,点击"确定"和"下一步"。

(5) 编辑校准曲线

"输入行数"根据标准点个数确定,点击"更新",输入对应的实际浓度值,点击"更新"及"确定"。

(6) 样品组设定

输入样品数,或者点击"集体设定",输入样品数,勾选"建立样品 ID",输入相关信息,点击"确定"。样品组设定右上角单位应保持跟标准曲线一致,一般为 μg/mL 或 ppm,一直点击"下一步",直至"完成"。

观察到屏幕右下方出现"GLC:OK"方可点火,同时按住绿色键和灰色键,待出现火焰 10 s 后松开。在没有点击"start"前,整个测量表都是可以再编辑的。通过单击"编辑—插入行"命令在第一行插入"自动调零"命令"AUTOZERO",第二行插入"空白"命令"BLK"。单击"start"即可根据测量表按顺序测定标准品及未知样品的吸光度。若切换元素需要熄火,则需重新进行待测元素的谱线搜索。

测试样品前、后都要用纯水清洗管道,即在火焰点燃的情况下,把纯水放至吸样管处即可。标准样品与未知样品间要用空白试剂过渡。

【关机】

(1) 测试完成后,用已过滤的 3%~5%稀硝酸冲洗 20 min,再用去离子水冲洗 10 min。等白色吸管吸干后,点击"仪器—余气燃烧",根据提示操作,在弹出来的对话框中点击"确定",关闭乙炔总阀,在弹出来的"关闭乙炔供应"对话框中点击"确定",在火焰熄灭后按主机面板上的"粉红色键"(Extinguish)熄火,此时会听到"叮"的一声。

(2) 全部样品测完后,点击"文件",将数据保存为数据文件(.aa 后缀)或模板文件(.taa),打印数据。

(3) 点击"仪器",断开连接,在弹出来的对话框中点击"确定",关闭软件;关闭原子吸收电源;关闭空气压缩机电源。把空气压缩机里的气体放掉(背面偏下有个阀),

放完后把阀扳回；关闭通风箱；关闭电脑。填写仪器使用记录。

【日常维护】

实验室通风应良好,室内温度范围为10～35 ℃,湿度范围为20%RH～80%RH,如果室温高于30 ℃,湿度必须低于70%RH。仪器应放在平稳的工作台上,不能有震动,附近应无强电磁场干扰源,电源接地应良好;电源的电压应稳定,有可靠接地,如果电压不稳,需要使用电子交流稳压电源;室内环境应清洁,无腐蚀性气体,无强光直射,荧光灯照明度应小于1 300 Lx,自然光应小于800 Lx,白炽灯待热光源应小于400 Lx,否则会干扰安全系统的工作。仪器后部与墙之间应留有20 cm的间距,仪器右侧需要留有30 cm以上的空间。更换空心阴极灯时应带上干净手套,取下插座时要确认灯电流已经设置为零或灯已经关闭。排风系统排风力不能过大,否则会引起火焰不稳定,导致噪声过高。

空气-乙炔火焰原子化器是一种常见的原子化器,由雾化器、雾化室、燃烧头构成,燃气乙炔溶在丙酮里存放在钢瓶中,空气压缩机提供助燃气,空气-乙炔火焰燃烧稳定、重复性好、噪声低,可用于测定30多种元素。该原子化器在实验过程中,涉及易燃易爆气体、水、高温火焰等实验因素,实验全过程应尤其注意。

气体钢瓶应放置在通风良好、没有日光直射的室外,乙炔气体钢瓶要严格按照规定设置。气体钢瓶必须直立固定在气瓶柜里,钢瓶表面温度必须低于40 ℃,同时确保2 m之内没有火源,乙炔气体在使用时,周围5 m之内禁止吸烟或点火,仪器附近应设有灭火器。乙炔钢瓶中乙炔气体溶解在丙酮中,纯度要求大于等于98%,乙炔瓶的主阀只能打开1～1.5圈,减压阀调节输出压力为0.09 MPa～0.1 MPa。压力太小,燃气不够;压力太大,有可能导致丙酮溶剂流出且用完后残气太多造成浪费,如果未全部排到室外,会造成安全隐患。当乙炔瓶的主阀压力低于0.5 MPa时应该更换新瓶,一是避免丙酮溶剂流出,因为输送乙炔的管路和电磁阀的阀垫均是橡胶材料,若丙酮流出,会腐蚀或堵塞输气管路,不能点火;二是,此时丙酮燃烧火焰满足不了火焰原子化的分析要求,而且空气-乙炔燃烧器燃烧丙酮不安全。

排废液管要水封。空气-乙炔火焰原子化器的原子化效率一般只有百分之十几,性能好的也只有百分之三十几,大部分吸进去的溶液要以废液的形式由排废液管排出。排废液管为什么要水封呢？一是要在保证仪器畅通排废液的同时,防止乙炔从排废液的管路泄露。二是为了防止空气进入,避免乙炔倒回来时导致回火。正常情况下,燃烧头火焰是向上的,但当气体泄漏或者突然空气量不够,且火苗没马上熄灭,此时管路里有残气,火苗就会沿着燃气供给的方向去寻找气源,十分危险。若有废液管水封,隔绝了空气源,则火焰将会中途熄灭。此外,输送乙炔使用了较长的管路,是为了延长火苗到达气源的时间,减少安全隐患。废液可能产生有害气体,应定期处理废液桶里的废液。应保证排液管通畅,排液管不能拧转,不能浸入废液的液面之下,否则会排液不畅产生噪声,影响测试重复性。定期检查废液罐水位,可通过仪器自检项目"废液传感器检测"来实现。

原子化器勤清洗。空气-乙炔原子化器在工作过程中的一个重要工作就是清洗,因为上一次的实验会有残留,而且原子化器原子化的过程温度很高,样品除了被原子化外,也可能产生副反应生成残留物。因此,原子吸收光谱仪当天使用完毕后必须用已过滤的3‰~10‰的稀硝酸和去离子水彻底冲洗吸管、雾化器、雾化室和排废系统;如果测试样品含有机溶剂,则要倒干净废液罐中的废液,并用自来水冲洗废液罐。如果毛细管堵塞,可用附带的清洁丝清洁,雾化器的吸液毛细管、喷嘴、撞击球要经常清洗,可将雾化器连续浸泡在稀硝酸里几小时后,再用二次蒸馏水清洗,观察 1 min 的吸液量。如果没有达到预期效果,则继续浸泡、清洗,重复操作,直至满意,如有必要更换雾化器。

燃烧头清洗。在气体燃烧的过程中,难免会导致金属氧化物、金属盐以及碳类物质在燃烧器内侧残留,有时候会导致燃烧器堵塞、火焰分叉、火焰发红。可以经常用薄铜片刮净燃烧头内侧的残留物,并定期清洗燃烧器:在自来水下冲刷,然后泡在稀硝酸里几小时后,冲掉酸,用软毛刷刷洗,再用二次蒸馏水润洗,干燥冷却后即可装上仪器,然后选择常用元素在"NON-BGC"不扣背景点灯方式,用仪器附带"燃烧头缝口清洁/高度测量"卡片在"燃烧头原点位置调节"界面进行燃烧头位置调节,使光斑在燃烧头左、中、右位置时均在卡片 10 刻度的中心。

关机时严格按照"余气燃烧"操作规程,检查乙炔气是否关好;排空空气压缩机贮气罐内的冷凝水一定要放尽,否则会导致仪器在测试过程中自动熄火;关闭通风设施,检查所有电源插座是否已切断。

"O"形环密封圈的更换。在燃烧器头和雾化室之间、雾化器和雾化室之间有"O"形环密封圈密封,需要定期更换,尤其是频繁使用有机溶剂的场合。

氘灯的更换。氘灯的厂家保证时间是 500 h。如果在光束平衡时仪器提示氘灯能力低,则需要更换。当测试波长在较长的区域,氘灯能量下降会更明显。

10.5 岛津 GFA-6880 石墨炉法原子吸收光谱仪操作规程及日常维护

【开机】

(1) 断电状态下确保待测元素空心阴极灯正确安装,不要摸灯标签以上的部分,灯底的小凸起与灯座架上的小凹口对齐；石墨管放上；烟窗移走。打开"八开关一阀"：打开氩气(纯度＞99.9%)气瓶总阀，调节减压阀使氩气次级压力表表压为(0.35±0.03)MPa；打开冷却循环水机开关(温度22℃左右)、通风箱开关、空气开关(整台仪器左边的"国际电工")、电脑开关、AA6880主机开关、石墨炉电源开关、自动进样器ASC开关、供电保护开关(又称为石墨炉加热开关)，其中石墨炉供电保护开关在完成"石墨炉原点位子调节""喷嘴位置调节"之后、准备测试之前再打开。

(2) 打开WizAArd软件，点击"操作"，双击右边图标，输入ID为admin，密码为空，点击"确定"。在弹出来的对话框中点击"取消"，点击"仪器"中的"连接"，仪器开始自检。对于"清洁C_2H_2，清洁Air和清洁N_2O"，直接点击"关闭"。废液传感器检测界面点击"否"。自检过程中不需要对N_2O进行操作，不需要执行燃气压力传感器检测，不需要执行漏气检查，点击"确定"。

【石墨炉原点位置调节】

在WizAArd软件中双击"元素选择"，根据需要测定的元素选择元素，在"编辑参数"下的光学参数页，设置点灯方式"EMISSION"。点击"确定"，出现"需要进行谱线搜索/光束平衡"提示时，选择"取消"，先不进行谱线搜索。点击菜单栏中"仪器—维护—石墨炉原点位置调节"，打开"石墨炉原点位置调节"对话框。选中"谱线搜索时石墨炉移动到低位"复选框，点击"谱线搜索"。待谱线搜索完成后点击"确定"。回到"石墨炉原点位置调节"界面，选择合适的移动速度，通过调节〈前〉〈后〉键和〈上〉〈下〉键，调节水平和垂直位置，使"测量数据"的读数最大。点击"原点记忆"，前后和高度的位置显示为零，保存调整好的石墨炉原点位置，点击"关闭"。另一种石墨炉原点位置调节方法：操作与上述方法基本相同，只是点灯方式为"NON-BGC"不扣背景点灯，且应调节使"测量数据"的读数最小。

【石墨炉喷嘴位置调节】

确保石墨管安装位置正常，移动自动进样器至石墨炉正常进样位置，扣好锁扣。在WizAArd软件中双击"元素选择"，点击"编辑参数"，点灯方式选择"BGC-D2"，点击"确定"，在弹出来的对话框中点击"确定"，即执行"谱线搜索"。点击菜单栏"仪器—石墨炉喷嘴位置"，调节进样位置。弹出对话框"请设置石墨炉测定专用的ASC转盘和从臂上移去样品吸样管口"，点击"确定"。自动进样器手臂会自动移动管口到转盘1号位置，并弹出"请安装样品吸样管口和调节管口的垂直位置"。调整吸样管高度，一般喷嘴应距离样品杯底部2mm，如果位置正常，点击"确定"。自动进样器的摆臂将移动到石墨炉进样位置上方，按照提示拧松自动进样器底部锁紧螺丝，松缓进样臂导轨，但要注意不要太多地改变进样臂导轨位置。点击"确定"，弹出"ASC石墨炉管口位置调节"界面。先选择粗脉冲(30 脉冲),连续点击向下移动 3 次,移动进样管到石墨管孔的上方,然后粗调自动进样器右侧和前方两颗调节旋钮,使喷嘴位置大致处于石墨管进样孔的中心位置,俯视进样臂定位孔,移动导轨,确保进样臂向下移动时导轨能够顺利进入定位孔。选择指定脉冲(10 脉冲和 3 脉冲)继续向下移动,通过反光镜在石墨炉一侧石英窗观察,确保进样喷嘴管注入石墨管三分之二以下的位置(距离石墨管截面底部 1 mm),并尽可能地接近石墨管底部。保证样品液滴可以被石墨管吸附,位置调整后点击"确定"。根据弹出框提示拧紧石墨炉上的臂导轨螺丝。点击"确定",自动进样器手臂移动到待机位置。再次执行"石墨管喷嘴位置",确认石墨管喷嘴能正确到达前面调节的位置。特别注意,在整个调节过程中如果喷到了进样臂,要重新调整。

【参数设置和测试】

点击电脑屏幕左下角"Wizard"图标,双击"元素选择",根据需要测定的元素选择元素,选择"石墨炉法",勾选"ACS"点击"确定"。点击"编辑参数"设置光学参数、重复测量条件、测量参数和校准曲线参数。

(1) 光学参数

灯位设定、灯座号、点灯方式直接选择"BGC-D2",点击"确定",在弹出来的对话框中点击"确定",即执行"谱线搜索"。

(2) 重复测量条件

在弹出来的"需要执行谱线搜索和光束平衡"的对话框中选择"取消"。根据需要自行设定重复次数,仪器自动求 RSD,与设定的 RSD 做比较,小于等于设定的 RSD 值则不再继续,自动求平均值。

(3) 校准曲线参数

单位为 ng/mL,选择 1 次方程,2 个标准点及以上标准曲线可不通过原点,1 个标准点要勾选通过原点,点击"确定"及"下一步"。

(4) 编辑校准曲线

根据标准样品的个数输入行数,点击"更新",一一对应输入实际浓度值,点击"确定"。

(5) 样品组设定

输入样品数,或者点击"集体设定",输入样品个数,勾选"建立样品 ID",输入相关信息后点击"确定"。样品组设定的右上角单位与标准曲线保持一致,一般为 ng/mL。一直点击"下一步",直至完成。

点击电脑屏幕左下角的"试验测定"(TEST MEAS),再选择"手动测试",点击"测试",以确认水电气是否正常,并空烧石墨管,石墨管的吸收值一般可以烧至 0.02

以下,所以这个"测试"步骤可以多执行几次。

第一行插入"AUTOZERO",第二行插入"BLK",第三行开始测量标准样品,根据测量结果表(MRT表)按顺序测定标准品及未知样品。点击"开始"按钮,开始测定。

单击"文件""保存",即可保存数据,打印测量结果。

【关机】

(1) 测试完成后,用去离子水洗或空烧石墨管多次,使吸光度降到初始值。点击"仪器"中的"连接",在弹出来的对话框中点击"确定",关闭软件。

(2) 关闭"八开关一阀":关闭供电保护开关,关闭自动进样器开关,关闭石墨炉电源开关,关闭AA6880主机电源,关闭空气开关,关闭冷却循环水机开关,关闭通风箱开关,关闭电脑;关闭氩气主阀。

【日常维护】

石墨炉法原子吸收光谱仪的电源为220 V、30 A,与主机用电源不同相。实验室使用空气开关直接连接,防止插座长时间高电流而氧化。为防止意外电流的冲击,必须保证各部件接地良好。

冷却水温度应在10~30 ℃,温度过高或过低时安全装置都会启动,仪器加热和测量就不能进行。另外,要注意水温和室温的差别,如果室温和水温差别大,将会出现凝结现象。冷却水流量应为0.6~1.5 L/min,使用时水压为0.08 MPa~0.15 MPa。水流量过大或过小时,安全设备将启动,会造成加热和测量不能进行。当水压超过0.17 MPa时需增加减压装置。使用结束后,必须关闭循环水出水口。冷却循环水一般一个月换一次,使用纯净水或蒸馏水即可,严禁使用自来水。当冷却循环水机滤芯颜色发黄变暗时需要及时更换,更换滤芯前需要先放空水槽。

石墨炉是由一根石墨管、两个石墨锥和两个电极构成的串联整体。这个三位一体的石墨炉有一个特点,即中间的石墨管的电阻最大,两侧的石墨锥和电极的电阻最小。石墨炉系统的维护保养包括保护气和载气流量的确认、石墨管的更换、石墨锥与石墨帽的日常维护、石墨炉电极的维护和主机石英窗的清洁。

(1) 保护气的流量根据石墨炉腔体空间的大小不同而不同,具体流量参考仪器使用手册给出的技术参数,一般在3 L/min以内;而载气一般在200 mL/min左右。保护气和载气流量基本采用转子流量计来确认。

(2) 在更换石墨管前应确保自动进样器在左边位置,石墨炉加热开关处于关闭状态。按下石墨炉解锁按钮,向右打开石墨炉,取下旧石墨管,将新石墨管进样孔朝上放入,将移液枪枪头插入石墨管进样孔使其保证进样孔垂直朝上,然后将右侧冷却块向左侧推回,按右侧锁定杆锁紧石墨炉。更换新石墨管后,需要在软件"仪器—更换石墨管"界面把石墨管加热使用次数置零。如果更换的是新热解型石墨管,则需重新进入更换石墨管界面,点击"石墨管老化",系统将自动进行老化程序;如果更换的是新高密型石墨管,则不需要老化。

(3) 因样品溅射造成沉积物结垢的石墨锥可能产生两种弊端:首先是接触电阻加大,其次是所产生的沉积物可能会在原子化高温的远红外线的烘烤下被释放出来,造成不必要的背景干扰。排除方法:如果沉积物不是很严重,可用棉签沾上无水乙醇或者质量分数为50%的盐酸擦拭除垢。

如果石墨管与石墨锥接触不良,就会在升温过程中在二者的接触面发生打火现象,造成石墨锥接触面产生疤痕,对测试结果的重现性和石墨管的寿命产生很大的影响。处理方法:如果疤痕不是很明显,可以采用研磨的方法来维护。取一只新的或者两端倒角完好的石墨管,采用"钻木取火"的方法反复捻转,直至疤痕消除。如果疤痕严重,则只能更换新的石墨锥了。

(4) 清除石墨炉电极冷却水管腔的水垢。石墨炉冷却用水如果采用的是自来水,在石墨锥高温的作用下,久而久之便会在冷却水管腔内壁产生水垢,从而影响石墨锥的散热效果。排除方法:取下电极,将质量分数为50%的盐酸用滴管滴入管腔进行浸泡除垢,最后用纯水彻底冲洗腔体。

(5) 清除电极与电极座接触面的水锈。在某些通过电极座与电极连接的石墨炉中,由于冷却水密封圈老化造成微渗水,致使电极接触面因产生水锈而增大了接触电阻,造成加热电流在接触电阻上做功而使电极发烫。维护方法:采用研磨法去掉水锈,定期检查橡胶密封圈。

(6) 当石墨炉电极内部的冷却水过冷并且室内环境湿度较大时,会在石英窗表面结一层水雾,从而使测试结果产生很大的假背景吸收,影响检测结果的真实性。预防方法:将水冷循环器的水温设置成与室温一致;给仪器房间加装除湿器。

(7) 当灰化步骤不彻底或者石墨管两端的载气流量不平衡时,一部分样品可能溅射到主机石英窗的表面。这种现象会产生一个假的背景值,影响测试结果的真实性。维护方法:拿走烟囱,用脱脂棉蘸取无水乙醇清洁两侧的石英窗片,再使用无尘布或擦镜纸擦干即可。

10.6 岛津 GC-2030 气相色谱仪操作规程及日常维护

【开机】

打开氮气钢瓶总阀,调节减压阀使输出压力为 0.5 MPa～0.9 MPa;打开空气钢瓶总阀，调节减压阀使输出压力为 0.3 MPa～0.5 MPa，打开氢气发生器开关，使输出压力为 0.3 MPa，输出流量为 30 mL/min，或者打开氢气钢瓶总阀，调节减压阀使输出压力为 0.3 MPa～0.5 Mpa。依次打开气相色谱主机、电脑电源，启动 Lab Solutions 工作站。在登录界面用户 ID 下拉列表中选择相应的个人账户(admin)，密码为空。点击左上角的"仪器"图标，双击右侧对应的仪器图标，启动分析程序。点击"系统配制"图标，检查设置分流/不分流(SPL)进样口、色谱柱、氢火焰离子化(flame ionization detector，FID)检测器信息。点击"仪器参数"图标，设置进样量、分流比、进样口温度、色谱柱温度、检测器温度等信息，建立新方法，点击"下载"图标；或者点击分析程序左上角的"文件"，在下拉列表中选择"打开方法文件"，在弹出的对话框中选择相应的方法文件，点击打开，分析程序自动读取相应的方法文件的仪器参数；点击"下载"。点击分析程序左侧的"数据采集"，单击下拉列表中的"开启 GC"图标，仪器根据设定的气相色谱(gas chromatography，GC)启动顺序开始启动。当进样口、初始柱温、检测器温度达到设定值，仪器显示"就绪"；仪器开始自动点火；点火成功后，仪器状态显示为绿色的"就绪"。

【设置仪器参数】

打开"数据采集"窗口中的"控制面板"，在"显示模式"下拉列表中选择"仪器显示器"或"仪器参数"，在"仪器显示器"和"仪器参数"显示窗口中均可设置分析条件。

单击控制面板自动进样器"AOC-20i+s"和进样口"SPL1"图标，设置进样体积、进样方式、进样口温度、色谱柱流量、分流比等参数。单击控制面板的"色谱柱"图标，设置色谱柱信息、柱温程序等。单击控制面板的检测器"FID1"图标，设置检测器温度、采样率、结束时间、气体流量等信息。仪器参数设置完成后，点击分析程序左上角"文件"，在下拉列表中选择"方法文件另存为"，在弹出的对话框中输入相应的文件名，点击"保存"。

点击分析程序左上角"文件"，在下拉列表中选择"打开方法文件"，可以打开相应的方法，在控制面板中点击"下载"，可以将相应方法文件的数据采集条件下载到仪器。

【样品分析】

(1) 单次分析

打开"数据采集"窗口，点击"单次分析开始"，弹出"单次分析"子窗口；在"数据采集"子窗口中填写样品名、样品 ID、数据文件名称等，点击"确定"，开始单次采集。

(2) 批处理分析

点击分析程序左侧的"主项目"，在下拉列表中单击"批处理分析"，开启批处理分析窗口;编辑批处理列表,直接在批处理分析窗口中输入相应的信息,如样品瓶号、样品名、样品 ID 等。批处理列表编辑结束后点击分析程序左上角的"文件"菜单,在下拉列表中单击"批处理文件另存为",在弹出的对话框中输入文件名,点击"保存"。点击分析程序左侧的"批处理",在下拉列表中单击"批处理分析开始",仪器自动开始批处理数据采集。

【数据处理】

启动 LabSolutions 工作站,点击工作站左侧的"处理工具",在右侧窗口中双击"再解析"。单击窗口左上角的"数据",然后双击下方需要处理的数据文件名。窗口右侧出现对应数据的"色谱图视图""结果视图-峰表"和"方法视图"信息。

单击"方法视图"右上角的"编辑"可以对积分参数进行编辑,调整"最小面积/高度"的数值,减少杂峰。点击"视图"下拉列表中的"手动积分栏"对色谱图进行初步处理。单击"方法视图"右上角的"视图",执行编辑的积分参数,处理结果会在"色谱图视图"和"结果视图-峰表"中显示。

【关机】

单击"停止 GC"图标,仪器进样口、色谱柱、检测器自动降温。当三者温度都下降到 50 ℃以下,点击"文件"中的"退出",关闭 LabSolutions 软件。依次关闭氢气、空气、氮气,关闭仪器主机、电脑电源。填写仪器使用记录。

【日常维护】

仪器要求放在平稳的工作台上,应有足够的空间和承重力来容纳其配件。仪器的顶部不应有架子或其他障碍物,仪器后面距离墙壁至少 30 cm 以上。室内温度不超过 15~35 ℃,相对湿度不大于 85%。仪器最好单独供电,且为单相交流电,电压相位应和仪器电源相位相同,中线与地线间电压不超过 3 V,接地要良好。配置交流稳压电源(功率 5 000 W 以上)。仪器周围应无强电磁干扰,无强热辐射源和剧烈震动,不要与其他带火焰性的仪器放于同一室内。室内空气中应无有害、易燃、易爆及腐蚀性气体,保证室内通风良好。氮气、空气和氢气的纯度非常重要,一般性分析要求气体纯度超过 99.995% 以上,而高灵敏度分析要求纯度超过 99.999%,并在气体进入仪器内部前加装载气净化装置。对于钢瓶气,钢瓶内的气体不能完全用完,需要有 10% 的保有量。如果采用氢气钢瓶供气,应设有独立室外钢瓶室;一般可采用氢气发生器代替氢气钢瓶供气,但一定要注意电解液液面高度,一旦液面快到临界值时应补加去离子水。若有必要,重新配置电解液。另外,对于气路部分,各管路气密性非常重要,尤其在更换气瓶后需要检查气瓶密封性。

微量进样针的维护包括进样针的清洗和更换。进样针在使用前需确认针杆的灵活性,即把针杆拉到满刻度,将针杆推回,如很紧或时紧时松时,需用丙酮清洗针杆和进样针内部,如有细小颗粒洗出,请更换丙酮后再次清洗,直到推杆很顺畅且溶剂可连续、垂直地从进样针头喷出。对于配置自动进样器的气相色谱仪,更换进样针操作需在仪器管理员培训后再进行,以免操作错误导致传送带断裂。

进样口部分需要定期检查和更换进样隔垫、玻璃衬管、O形圈。如果玻璃衬管不是成品,仪器维护人员还需学会玻璃衬管的清洗、装填石英棉、玻璃衬管的去活性等操作。应定期将进样口温度升高,超过通常分析时的温度,即色谱柱柱温设定值超过平时分析条件使用的最高温度 20～30 ℃,低于色谱柱耐受的最高温度以下 10～20 ℃。此时色谱柱的出口与检测器断开,并将检测器堵上。新柱老化时,色谱柱的出口端一定不要连接检测器。当色谱柱污染很严重时,可切掉进样口侧色谱柱 30～50 cm。在进样前充分做好样品的前处理,充分考虑酸性、碱性、腐蚀性、高沸点等特性对仪器的影响。

氢火焰离子化检测器(FID)在使用过程中易出现检测器喷嘴堵塞,或在收集极处形成沉积物,通常是柱流失产生的二氧化硅或黑色炭灰等造成的,因此需要定期对其进行清洗,且清洗时要小心处理,避免在喷嘴上造成划痕。在维护 FID 检测器的喷嘴前需要确认检测器已熄火,氢气关闭,检测器温度降到 50 ℃以下,关闭 GC 电源并拔出电源插头,移除 FID 侧色谱柱。

10.7　Agilent 1260 高效液相色谱仪操作规程及日常维护

【开机】

依次打开电脑、液相色谱仪各个模块的电源,待仪器各个模块自检完成后,双击桌面"LC1260(Online)"进入联机界面。

【排气】

手动逆时针旋转泵处冲洗阀约 1 圈,右键单击"四元泵"图标区域,点击"控制"选项,选中"ON",点击"确定";右键单击"四元泵"图标区域,选择"方法"选项,进入泵编辑画面,选择管路,设置流速为 5 mL/min,点击"确定",系统开始冲洗,直到管线内由溶剂瓶到泵入口无气泡为止,该过程一般为 5 min,切换通道继续冲洗,直到所有要使用通道无气泡为止;右键单击"四元泵"图标,点击"方法"选项,设置流速为 0 mL/min,手动顺时针旋紧冲洗阀。

【编辑方法】

若方法已创建,可在"方法"菜单中选择"调用方法"。新建方法可按以下步骤进行:

(1) 点击"方法"中的"仪器设置"开始编辑完整方法。

(2) 在四元泵参数设定中进行设定:设置"流量"(如 1.0 mL/min)、"停止时间"(如 10 min,该停止时间仅为做一个样品需要的时间),按照要求选择合适比例的流动相配比,选择"OK",进入下一选项。

(3) 自动进样器参数设定:选择"进样量",输入进样体积,选择"针清洗",启用洗针,模式为清洗瓶,设置清洗瓶位置,重复三次,停止时间设为与泵一致,进入下一选项。

(4) 柱温箱参数设定:设置温度,可设置温度范围为高于室温 10~80 ℃,"停止时间"选择"与泵一致",进入下一选项。

(5) 可变波长(variable wavelength detector,VWD)检测器参数设定:输入所需的检测波长。

编辑方法完毕,将当前方法保存为新方法,输入方法名,选择"OK",保存方法成功。

【单针进样】

点击上方的单个样品,设置样品名称、采集方法、处理方法、结果路径、结果名称,一般保持样品名称与结果名称一致,设置进样源为自动进样,进样量见使用方法,设置样品瓶为样品放置的位置,如 P1-A6,点击"运行"即可开始测样。

【序列进样】

点击上方的序列后,选择进样下方的序列表,右击空白处可添加进样行。设置进样源为自动进样,设置数据文件、样品名称、采集方法、样品瓶位置、处理方法,体积见使用方法,设定多个进样后,设置左下角的结果路径与结果名称,保存序列并点击右下角的"运行"。

【数据分析及导出】

双击"项目 LC1260"图标进入数据处理页面,选择文件保存的文件夹,双击后打开文件夹,点击刷新,找到需要处理的文件,选择后点击"调用数据",可以使用手动积分处理数据。数据导出,点击"处理方法",弹出窗口后,选择工具中的"后处理插件",选择"CSV 导出",设置输出路径,点击"确定"即可导出。

【关机】

测试结束后关闭检测器，冲洗色谱柱和系统后，退出化学工作站及其他窗口，关闭计算机；关闭 Agilent 1260 仪器各模块电源开关。

【日常维护】

仪器应该放置在平稳固定的台面上，要求台面无震动，周围无辐射、磁场，无阳光直射，无粉尘。实验室温度应为 10~30 ℃，相对湿度为 40%~75%。由于流动相大多数是有机溶剂，仪器上方应配置万向罩。

每天应更换水性溶剂，避免细菌生长堵住过滤器；应使用色谱级溶剂，不能互溶的溶剂不可直接切换。流动相使用前必须经 0.45 μm 或 0.22 μm 相应的滤膜过滤，再经超声波振荡 10~15 min 进行脱气处理。缓冲液或水相选择使用 A/D 通道，有机相选择使用 B/C 通道。使用前每个通道以 5 mL/min 的流速用已装溶剂清洗 5 min，以排尽管路气泡。

开机时，打开排气阀，100%水，泵流量 5 mL/min。若此时显示压力大于 10 bar (1 MPa)，则应更换排气阀内聚四氟乙烯滤芯（白色滤头）。

流动相瓶中的滤头须用待用溶剂冲洗后再放入溶剂瓶中，玻璃滤头应轻拿轻放。若滤头污染，可用质量分数为 30%~35%的稀硝酸泡 1~2 h 或过夜（看污染程度），最后用水冲洗干净，重新装好。禁止超声清洗。

色谱柱的安装：根据需要选定所需型号的色谱柱，更换至柱温箱。安装时注意系统流动相的流向和柱子所标示的流动相的流向应保持一致，本仪器的流向是从左向右；在连接接口时，应尽量将接头插入后再旋螺丝，以免漏液。可以在色谱柱前加上保护柱，避免色谱柱的污染，进而延长色谱柱的使用寿命。

测试结束先关闭检测器，保证灯的有效使用年限。没有盐缓冲溶液的流动相，用 85%~90%有机相和 15%~10%水相（体积分数，后文同）冲洗反相系统和反相色谱柱；有盐缓冲溶液的流动相，用 85%~90%水相和 15%~10%有机相冲洗反相系统和反相色谱柱 30 min，除去反相色谱柱与系统中的盐溶液，然后用 85%~90%有机相和 15%~10%水相冲洗反相系统和反相色谱柱 30 min。泵的流速应慢速减小到 0 后，再关闭泵。反相系统用 90%~95%有机相和 10%~5%水相封存反相色谱柱。根据使用情况定期更换柱前保护柱或者色谱柱，定期清洗溶剂瓶。

用质量分数为 10%的异丙醇进行柱塞杆清洗（seal-wash）。使用缓冲盐时要加"Seal-wash"选项，并定期清洗。这是因为高效液相色谱仪流动相使用缓冲盐时，泵头内的缓冲盐溶液存在高压析盐现象，会析出细小且坚硬的盐粒，附着在蓝宝石活塞杆上，随着蓝宝石活塞杆的往复运动而产生划痕，并磨损密封垫，造成漏液等故障现象。Seal-wash 在线冲洗选项能有效地带走可能存在的缓冲盐结晶。缓冲盐的浓度在 0.1 mol/L 或大于 0.1 mol/L 时,必须使用 Seal-wash 在线冲洗选项。清洗液的配制:90%水+10%异丙醇(体积分数)。该混合液可抑制菌类生长和减小水的表面张力,不能干涸。

灯能量测试:先将灯预热,用水平衡系统。启动 Agilent Lab Advisor 进行测试。启动软件 Connect-Service&Diagnostics,选择"G4212B Intensity Test Run"查看结果。

10.8　Waters 1515‑2414 凝胶渗透色谱仪操作规程及日常维护

【仪器启动】

依次打开仪器泵、主机、检测器电源,打开计算机,双击桌面"Breeze 2"图标进入软件系统。单击左侧命令栏"仪器"图标,点击"W410"检测器图标,设置灵敏度为 4,内部温度为 30 ℃,外部温度为 40 ℃,其他设置参数默认。点击"PCM/15xx"泵图标,高压限制调至 500 psi,其他设置参数默认。所有色谱组件的参数设置完成后,点击"文件"菜单,仪器方法点击"另存为 GPC TEST"。点击"查看方法—方法组"按钮,在仪器方法下选择刚刚创建的仪器方法,其他暂时不填,除非有已设置好的标准曲线处理方法。单击泵图标进行设置,流速调至 1 mL/min,变化率设为 10 min,压力界限设为 0~500 psi。待流量升至 1 mL/min。点击采集栏中左下角"平衡系统/监视基线"图标,选择刚创建的仪器方法,点击"平衡/监视器"。在采集栏最右边实时色谱图区域观察基线,待基线稳定。按"Home"键回到主页,同时按住"Shift+1"键显示 Purge 图标,冲洗参比池,等待示差检测器的参比池和样品池中流动相一致,按"Auto Zero"基线归零。点击"停止基线监测",准备手动进样。

【样品处理】

根据色谱柱类型选择合适的溶剂[如四氢呋喃(THF)]溶解样品,一般在室温下静置过夜,可轻微摇动样品以促进溶解,但不可以剧烈摇动。样品溶解后,用 0.45 μm 一次性有机微孔滤膜对样品溶液进行过滤,保存滤液待用。

【手动进样操作】

把进样器手柄由倾斜逆时针旋转至竖直"load"位置,在软件界面点击采集栏中的"单针进样",设置样品名、功能、方法组、进样体积、运行时间等参数,单击"运行"。

当状态栏显示"单进样—等待进样",使用液相色谱专用的平头进样针快速进样 10 μL,拨动进样器手柄到"Inject"位置,再拔掉进样针,软件界面提示"进样正在进行"。在仪器正常、不堵塞、不漏液,色谱柱根数和长度确定的情况下,每针运行的时间一样。

【建立校正曲线】

(1) 输入标样分子量 M_p。

在命令栏点击"查询数据",点击"通道"标签,按着 Ctrl 或 Shift 键选中参与建立校正曲线的所有标样,右键点击"改变样品",弹出修改样品界面,标准样品的"样品类型"为窄分布标准样;点击菜单栏中的"编辑—含量",弹出组分编辑器界面,双击标样 S1 所在行,在分子量列输入标样的 M_p,分子量从上到下依次变小,因为分子量大的样品流出时间短;点击"下一个"按钮,标样 S2 被选中,在分子量列输入标样的 M_p;使用"下一个"或"上一个"按钮依次将所有标样的分子量输入后,点击"确定",组分编辑器界面消失,在"修改样品"界面点击"保存"图标,然后关闭修改样品界面。

(2) 建立处理方法

在命令栏点击"查询数据",选中"通道"标签,选中参与建立校正曲线的所有标样,右键点击"查看",然后点击"色谱图重叠"标签,使所有标样色谱图重叠以确定积分区域,记录横坐标开始出峰和最后一个峰结束的时间范围。点击含有最小峰高的标样曲线,使得该曲线色谱图线条变成黑色,再点击"色谱图重叠"图标,关闭重叠功能只显示选中的标样色谱图。点击"处理参数向导"图标,弹出"GPC 处理方法向导",选中"新建处理方法",点击"确定";弹出"积分区域"界面,输入积分区域的开始和结束时间;点击"下一步",弹出"缝宽及阈值"界面,保留该界面的默认缝宽和阈值;点击"下一步",弹出"剔除峰"界面,点击峰高最小的峰,并勾选"最小高度"选项;点击"下一步",弹出"校正"界面,选择相关校正、三阶或五阶校正拟合方式及流速;单击"下一步",弹出"色谱柱组"界面,输入色谱柱的总空体积(流速与积分开始时间的乘积)和总保留体积(流速与积分结束时间的乘积);点击"下一步",命名处理方法后,点击"完成"。

(3) 处理窄分布标样,建立校正曲线

创建处理方法后,当前标样色谱图已被"积分—校正"处理;点击"下一个 2D 通道",查看下一个标样色谱图,然后依次点击"积分""校正"图标。通过"积分""校正"及"浏览下一个 2D 通道""浏览上一个 2D 通道"图标确保所有标样被处理;点击"校正曲线"图标,查看校正拟合曲线。确保相关系数 R^2 或 R 值至少在 0.999 以上,点击"文件"—"保存"—"全部",保存结果和校正曲线。

【未知样品数据处理】

在 Breeze 软件命令栏单击"查询数据"按钮,在"通道"标签下选中需要处理的样品文件,如果查询不到相关信息,可点击"更新"按钮,更新数据显示。右键点击"查看",弹出"查看数据主窗口"界面,点击"文件"—"打开"—"处理方法",弹出"打开处理方法"界面,选中校正曲线的处理方法名称,点击"打开"。打开相应的处理方法后,依次点击"积分"和"校正"图标,定量处理未知样品的相对分子量。如果对缺省的宽分布未知样积分参数不合适,可以在"查看数据主窗口"界面积分参数栏重新设置积分参数,再重新积分、校正。如果对未知样定量结果满意,点击菜单栏"文件"—"保存"—"全部",将结果全部保存。

【查看结果】

在命令栏点击"查询数据"按钮,在"结果"标签下选中需要查看的结果,右键点击"查看",弹出"查看数据主窗口"。

【关机】

样品测试完成后,继续用色谱级四氢呋喃运行 2 h,并且清洗 Load 和 Inject 状态下的进样口,清洗进样针。单击泵图标,设置流速调至 0 mL/min,变化率为 10 min。等待压力为 0 psi,依次关闭软件、检测器、泵和主机电源。

【日常维护】

样品应溶解在色谱级的四氢呋喃溶剂中,不得使用流动相以外的溶剂溶解样品,溶剂的选择与色谱柱类型有关。溶解过程中不能剧烈地上下振荡,不得使用超声波,不得加热溶解。一般在室温下静置过夜,可轻微摇动样品以促进溶解。样品溶解后,采用 0.45 μm 一次性有机微孔滤膜对样品溶液进行过滤,保存滤液待用。若所用流动相非同一批次,请重新做校正曲线,再测试样品。每两个月重新定标样,检查柱效是否降低。

凝胶色谱仪测试前需保证流动相足够,测试结束后需要用色谱级四氢呋喃清洗仪器整个通路、进样口和进样针。四氢呋喃具有强挥发性且对人体皮肤黏膜有刺激,因此需要万向通风罩置于仪器顶部局部通风,处理样品和进样时需戴好防护面具和丁腈手套。

10.9 ASAP-2020 HD88 比表面及孔径物理吸附仪操作规程及日常维护

【开机】

打开氮气、氦气钢瓶总阀，调节减压阀使输出压力均为 0.12 MPa（不超过 2.0 MPa）。依次开启计算机、仪器主机和泵的电源。双击桌面"ASAP2020"图标。

【样品脱气】

准确称量并记录"带塞样品管空管质量"。填装一定质量的样品，要求待测样品充分干燥，样品质量在 0.1 g 以上，可根据材料的比表面积估算所需样品的质量（40/BET），最多不超过圆底瓶颈处。

点击主菜单栏"File"—"open"—"sample information"选择数据保存路径，修改样品文件名，根据材料孔径大小选择合适模板，点击"replace all"。点击"Degas"中的"conditions"，根据材料特性修改"hole time"，默认 300 ℃，该温度值的设定可通过查询文献或依据热重测试获得。点击"save""close"。点击"Unit 1—start Degas"，通过"Browse"选择需测试的样品文件。点击"Start"进行脱气。

【样品分析】

脱气结束后，小心移开加热套，等待样品管表面温度降至室温。准确称量"带塞样品管＋样品"的质量并记录。检查仪器两个杜瓦瓶内液氮液位，将样品管套上白色保温套安装至仪器分析口端准备分析。

点击"Unit 1—sample analysis"，选中已经脱气处理的样品，修改样品与空管质量，点击"保存"开始分析。

【关机】

一般不需要关闭仪器主机电源和软件界面。样品分析结束后，系统自动处于真空状态。

若长期不使用，需要关闭吸附仪主机电源，步骤如下：
（1）关闭软件，关闭电脑。
（2）关闭吸附仪分子泵、主机电源。
（3）关闭干泵的电源，拔下插头；拔下油泵的电源插头。

(4) 拔下电脑和吸附仪主机的电源。

(5) 关闭氮气总阀。

【冷阱维护】

要清洗冷阱管,则必须把冷阱管拆卸下来,正常情况下冷阱管处于负压状态,难以拆下,需要回填部分氮气至一个大气压。具体步骤如下:

(1) 比表面及孔径物理吸附仪主机电源不关,按顺序关闭分子泵、干泵和油泵。将冷阱杜瓦瓶卸下来,等待冷阱管恢复室温。

(2) 回填脱气部分。调出软件脱气图,点击"Unit 1—Degas—Show Degas Schematic—Enable Manual Contral"激活手动控制。按顺序打开 D5 阀和 D7 阀,其他阀门关闭。待压力上升至 760 mmHg(101.325 kPa)左右,先关闭 D7 阀,后关闭 D5 阀。此时可拆下左边冷阱管。

(3) 回填分析部分。调出软件分析图,点击"Unit 1—Show Instrument Schematic—Enable Manual Contral"激活手动控制。所有阀门关闭,按顺序打开 1、2、4、7、5、PS、P3 阀,回填氮气。待压力上升至 760 mmHg(101.325 kPa)左右关闭氮气阀(P3 阀),然后再把剩余所有阀门关闭。此时,两根冷阱管都已经回填了一个大气压左右氮气进去,可以把它们拆卸下来进行清洗。

(4) 将冷阱管清洗干净后晾干即可,打开油泵、干泵和分子泵。两根冷阱管重新安装。

10.10 理学 Ultima Ⅳ X-射线衍射仪操作规程及日常维护

【开机】

(1) 打开循环水冷却系统,控制水温在(20±2)℃左右。如果循环水系统正常,依次打开高压转换器、X-射线衍射仪(X-ray powder diffractometer,XRD)主机、计算机电源开关。

(2) 双击电脑桌面"XG Operation"图标,点击"Opertion""Control",弹出界面。点击"X-ray on"图标,开启 X 射线,大概 1~2 min 之后,可见软件界面上电压电流值为待机值 20 kV 和 2 mA,同时可以看到衍射仪顶上的 X 射线指示灯变为红色。

(3) 点击 XG Operation 软件界面上"Execute aging"图标,系统会按照设定好的程序老化,此时可以看到平底锅图标由灰色变成黄色,表明正在老化。当该图标再次变成灰色,且软件左下角的"Now executing aging..."提示消失后,老化结束,此时电压为 40 kV,电流为 30 mA,功率为 1.2 kW。每天第一次开机需要老化一次,老化后当天测试无需再次老化。

【样品制备】

(1) 样品研磨

采用玛瑙研钵将粉末样品研磨至 300~400 目。从定性分析的角度考虑,样品可以磨得细一点。一方面,样品在压片过程中,表面要平整均匀,看不到明显的颗粒物存在。另一方面,样品太粗,参与衍射的晶粒数目少,衍射强度会下降;同时样品尺寸不均会存在一定的择优取向,不利于与标准谱图对比。但研磨太细可能会破坏晶型结构,且颗粒尺寸太小,会产生对 X 射线的吸收,衍射强度降低,晶粒尺寸小也会引起峰宽化,不利于得到结构清晰的 XRD 谱图。

(2) 压片

用药匙取适量粉末样品加入样品架的凹槽中间,使松散样品粉末略高于样品架平面;取载玻片轻压样品表面,将粉末表面刮平至与框架平面高度一致,并将多余的不在凹槽内的粉末刮掉,如此重复几次使样品表面平整。

在粉末衍射实验中,样品填充深度(即样品在样品架凹槽中的厚度)是一个关键参数,直接影响衍射信号的强度和数据的准确性。对于多数材料,填充厚度建议为 0.1~0.5 mm;对于低吸收材料(如有机物、轻元素化合物)可能需要更厚的填充深度,如 1 mm;对于高吸收材料(含重金属的样品)需要更薄的厚度,如 0.05 mm。

【测试】

(1) 按压样品室门上的按钮,听到"滴—滴"连续声音且指示灯闪烁时,用双手轻轻拉开样品室的门,然后将样品架插入样品卡槽中(玻璃片较长的一端朝里),然后轻轻关上样品室的门,按压门上按钮,看到指示灯不再闪烁,且不再发出滴滴声之后,表明样品室已经关闭,可以进行测试了。

(2) 双击桌面"Standard Measurement"图标。在 Folder name 栏输入数据保存路径;在 File name 栏输入文件名。单击对话框左上角的"Show Measurement Condition"手指按钮图标,或双击 Condition 栏。在弹出的表中输入要测试的参数:起始角度(start angle)、结束角度(stop angle)、每分钟测试速度(scan speed)、电压、电流。之后关闭窗口,保存测试条件。

(3) 单击 Standard Measurement 软件窗口左上角的黄色"Execute Measurement"图标开始测试。初次开机时,测试前的初始化约需 1 min;注意屏幕右上角出现的信息小窗口中的提示,初始化时的 3 个提示均点"OK"。测试时黑色背景窗口不要最大化,以免遮挡屏幕右上角的信息小窗口。

(4) 测试结束,仪器内左臂上红灯熄灭,两臂下降回到起始位置,信息小窗口中显示"Standby Now!"时,即可按钮开门换样("Standby Now!"结束后,信息小窗口会消失)。

【数据导出和转化】

样品测试好之后,一般在所保存的文件夹中会有一个.raw 的文件,该文件可以用 jade 打开,但是实际作图时一般用 origin 作图,因此需要将数据从.raw 文件转化为.txt 文件。在 Rigaku Ultimate Ⅳ 中自带有转换程序——Binaly-Ascll Conversion。打开该软件,点击"input file name",在弹出窗口选择目标文件夹,点击"OK"之后,文件名出现在 input file name 窗口下的框中,然后点击"执行"可转化数据。

【关机】

(1) 当所有样品测试完后,保持电压为 40 kV,分级降电流(40 mA→35 mA→30 mA→25 mA→20 mA),每次降电流都要点击"set"图标。

(2) 降完电流,开始降电压(40 kV→35 kV→30 kV→25 kV→20 kV),每次降电压都要点击"set"图标。

(3) 点击"X-ray"图标,仪器继续运行 30 min,以使 X 射线管冷却下来,关闭"XG Operation"软件,关闭 XRD 主机,关闭高压转化器,关闭循环冷却水机。

(4) 将实验操作平台打扫干净,样品架用无水乙醇清洗干净,并填写仪器使用记录。

【日常维护】

仪器室温度范围应在 18~25 ℃,温度变化小于 1 ℃/30 min,温度最好控制在 (22±1)℃。湿度应为 20%~80%,常年开启除湿机以保证室内湿度符合要求。仪器室须保持无尘,无腐蚀性气体,无强烈震动。冷却循环机每三个月更换循环冷却水,每一年更换滤芯。测试完后样品架用无水乙醇或超声波清洗机清洗,仪器仓及样品台用吸耳球和无尘抹布清洁。

开关样品室是每个测试者在放置或更换样品时必须进行的操作,操作频率高,易出现故障,因此应加强正确开关样品室的培训。放样时应用双手打开样品室,不得一只手拿着样品架另一只手进行开门操作;应轻推轻拉,避免猛力碰撞;每次关门后应将门把手上的按钮进一步扣紧,确认关好,再按压门上按钮,看到指示灯不再闪烁,且不再发出滴滴声后,表明样品室已经关闭,可以进行测试。测试完后仪器关机必须按照操作规程进行,先降电流再降电压,关闭 X 光源后需要等待至少 30 min 以使 X 射线光管充分冷却,再依次关闭"XG Operation"软件、XRD 仪器主机、高压转换器、循环冷却水机。

严格遵守操作规程,如仪器出现故障,须立即退出检测状态,并向实验室仪器管理员报告,查明原因及时处理,不得擅自处理,同时做好使用和故障情况登记及实验记录。

10.11 岛津 GCMS–QP2020NX 气质联用仪操作规程及日常维护

【开机】

依次开启高纯氦气(99.999%)钢瓶总阀,调节减压阀使输出压力为 0.6 MPa～0.8 MPa,打开不间断(uninterruptible power supply, UPS)电源、气相色谱(gas chromatography, GC)电源、质谱(mass spectrometry, MS)电源、计算机电源。

双击计算机桌面的"GCMS 实时分析"图标,进入注册窗口,用户名为 Admin,密码为空,确认后有一短一长蜂鸣声,分别代表与气相色谱、质谱连接成功。单击"实时"助手栏中"系统配置"图标,检查仪器系统配置。单击"实时"助手栏中"真空控制"图标,单击"自动启动",仪器开始抽真空。当显示"已完成"时,单击"关闭"。这时柱温、进样口未升温。

【自动调谐】

真空启动完成后,可以让系统继续抽真空。若仪器长时间未开机,建议延长抽真空时间至 4 h 以上。选择点击"下载初始参数",等待 GC、MS 准备就绪,单击"调谐—峰检测窗",检查泄漏。在"监视组"列表中,单击"水、空气",打开灯丝开关,调节检测器电压,使 m/z18(水)的峰高到显示窗口的 1/2 处,比较 m/z18(水)的峰高和 m/z28(氮气)的峰高。当 m/z28(氮气)的峰高是 m/z18(水)的峰高的两倍以下时,系统正常,否则使用石油醚查找气体泄漏的位置。单击"灯丝开/关",关闭灯丝。

单击"实时"助手栏中的"调谐"图标,单击"调谐—峰监测窗",单击菜单栏"文件—新建调谐文件",选择使用的灯丝。单击"开始自动调谐"图标,输入一个文件名,单击"保存",启动自动调谐。自动调谐完成时,保存调谐文件和报告。调谐报告中应确认峰形是否对称,有无明显分叉;检测器电压应小于 1.5 kV;m/z69 峰,m/z219 峰,m/z502 峰的半峰宽(full width at half maximum, FWHM)值极差应在 0.1 以内;

在质谱图中，m/z28 峰的强度在 m/z69 峰强度的 50% 以下，m/z502 峰的丰度大于 2%；质谱图碎片与标准值的质量分数差值应小于等于 0.1%。关闭调谐窗口。

【分析条件设定】

单击助手栏中的"数据采集"，单击菜单栏"文件—新建方法文件"，按照测试要求设置好自动进样器参数、气相参数、质谱参数。单击"文件—方法文件另存为"保存方法文件。把方法文件参数上传至 GC-MS，待气相色谱、质谱准备就绪。

【数据采集】

(1) 单针进样

单击"实时"助手栏中的"数据采集"图标，"采集"窗口打开。单击工具栏中的"打开"按钮，加载方法文件。单击"采集—样品登录"图标，输入样品名、保存路径、样品瓶号、进样体积、选择调谐文件等，单击"确定"。单击助手栏"采集—待机"图标，将方法文件设置传输到仪器，在 GC 和 MS 准备完成时，"开始"图标变绿，把样品置入自动进样器，然后单击"开始"图标。

(2) 批处理进样

单击"实时"助手栏中的"批处理"图标，"批处理"窗口打开。单击菜单栏"文件—新建批处理文件"。单击"批处理—向导"图标，创建批处理表。单击菜单栏中的"文件—另存批处理文件"，在保存方法文件的位置打开文件夹，输入文件名并保存文件。把样品置入自动进样器，单击助手栏中的"批处理—开始"图标，执行批处理。

【数据处理】

(1) 定性分析

双击桌面"GCMS Postrum Analysis"图标，进入"再解析"窗口。单击助手栏中定性"Qualitative"图标，在"数据浏览"中选择所要处理的数据文件；在助手栏中选择"Peak Integration for All TICs"对数据谱图积分；在助手栏中选择"Qualitative Table"可以得到积分结果；双击所要处理的峰，可以得到一张质谱图，扣除本底之后再进行谱库检索；在"Qualitative Parameters"里设定谱库名称、最小相似度、检索深度和最大命中个数参数，点击"Similarity Search"得出检索结果。

(2) 定量分析

① 创建组分表。双击桌面"GCMS Postrum Analysis"图标，进入"再解析"窗口。单击助手栏中"创建组分表"图标，在"数据浏览"中选择所要处理的数据文件；单击"组分表"助手栏中的"向导（新建）"图标，创建新的化合物表；单击助手栏中"化合物

表—保存化合物表"图标,单击"保存"。

② 创建 SIM 表(selected ion monitoring table)。单击"化合物表"助手栏中的"创建 SIM 表[COAST]"图标,输入文件名并单击"保存"。在"自动创建 SIM 表[COAST]"窗口,选择"SIM"数据采集模式,单击"更新 SIM 表",检查色谱图和 SIM 表,如果不需要任何改动,单击"确认"。

③ 批处理采集数据。操作同"批处理进样"。

④ 检查和修正校准曲线。启动"GCMS 再解析"程序,单击"再解析"助手栏中的"校准曲线"图标,从"数据管理器"打开分析过程中使用的方法文件。在化合物表中选择一个化合物,单击"校准曲线水平",检查所创建的校准曲线和色谱图。单击工具栏"保存",保存方法文件。

⑤ 重新定量。修正校准曲线后,重新定量未知样品的数据。单击"再解析"助手栏中的"批处理"图标,单击"批处理—选择数据文件"图标,选择用于定量的数据文件,单击向下箭头添加注册数据文件,单击"确认"。单击助手栏中"批处理—开始"图标,使用修正后的校准曲线重新定量数据。

⑥ 检查和修正定量结果。单击"再解析"助手栏中的"定量分析"图标,从"数据管理器"中打开要检查的数据文件。单击"化合物表视图"中的"结果"标签,显示定量结果。单击化合物表中的化合物名称,检查"定量视图"中的色谱图,确认结果后,单击工具栏中的"保存",保存数据文件。

【关机】

(1) 无特殊情况或长假,该仪器不关机,测试结束后推荐使用节能模式,即在右侧监控栏下方点"eco"图标。

(2) 日常关机

点击工具栏"日常关机"按钮,分别设置流路 1 和概要参数,点击"关机"。

(3) 系统关机(长时间不用仪器)

在实时分析辅助工具栏点击"真空控制—自动关机"按钮,等待进度条显示完成,关闭真空控制窗口,关闭工作站,然后依次关闭气相色谱、质谱电源,最后关闭氦气总阀。

【日常维护】

仪器周围不可有剧烈震动、强磁场等。仪器使用时室温建议不低于 18 ℃,以免真空泵泵油变黏稠。应尽量避免突然断电和仪器的反复开关,以免影响寿命。日常应注意记录真空度,以作为故障时的参考。

若存在漏气,通常可从以下方面排除:钢瓶减压阀、气路接口、进样垫或衬管 O

形圈、柱子接头处、MS真空舱门、外接辅助装置。

日常换进样垫或衬管：可以在右侧监控栏下点"详细"，选"easy stop"模式，进样口和柱箱温度会降低，并停止载气供应，更换完成后再恢复。消耗品更换后可在"详细"中进行计数重置。换新进样垫或衬管后，可能因为系统进入空气导致检漏不通过，这时可以在"详细"中设置总流量为100～200 mL/min，加快载气置换，过段时间再恢复原来值；或者仪器完全关机后再更换进样垫和衬管。

老化色谱柱方法：仪器关机后，断开色谱柱出口与气质接口的一端，气质接口用死堵堵上。其他条件可以和分析时相同，设置色谱柱温度从50 ℃起，以每分钟5 ℃的速率，升到柱最高耐温的20 ℃以下，保持1小时至数小时；以每分钟20 ℃的速率降到50 ℃，然后再继续前面的升温程序，反复多次。离子源一般设为200～230 ℃，接口一般可设置为240～280 ℃。单击菜单栏"采集"中的"下载初始参数"，将参数发送给仪器，然后直接按GC面板上"START"键启动即可。保存老化方法，方便以后调用。

气质联用仪的日常维护分为气相色谱（GC）日常维护和质谱（MS）日常维护。GC日常维护包括载气（高纯氦气）、进样口（进样垫和玻璃衬管）、流路系统（分子筛过滤器和捕集阱）、色谱柱、自动进样器的维护。MS日常维护包括MS真空检漏、机械泵更换泵油、清洗离子源、更换灯丝、检查PFTBA。仪器软件里有详细的维护步骤：双击"GCMS实时分析"图标，单击"帮助"—"维护"，维护窗口打开，可在维护菜单中单击适当的项目，遵循提示指导执行维护。

10.12 布鲁克海文90Plus PALS Zeta电位及粒度分析仪操作规程及日常维护

【粒度测定】

（1）确认仪器后方的USB数据线与电脑接口连接，打开位于仪器后右侧的开关和电脑的电源开关，双击电脑桌面"BIC Particle Solutions"图标，软件开始初始化并进入仪器工作站界面。

（2）在"New Measurements"区域，点击最右侧的下拉箭头，在下拉框内选择"DLS Particle Sizing Measurement"进行粒度测量，点击左侧的按钮"New"，弹出"DLS - Sample"测量窗口，预热20 min后开始测量。

（3）将制备好的样品溶液经过离心或者微孔滤膜过滤处理后装入样品池中，样品池表面需要用擦镜纸擦拭干净，再将样品池放入仪器的样品槽内，盖上黑色的样品槽盖。

（4）点击测量窗口"SOP"按钮，在弹出的对话框中设置参数：样品信息、仪器参数、测量参数、样品参数、数据分析等信息。

① 在"Instrument Parameters"设置中，"Angle"通常设置为"90 Degree"，特殊样品根据提示选择"Forward Scattering"或"Backscattering"。对于"Correlator Layout"的设置，常规样品选择"General"，10～250 nm 的样品选择"Nanoparticles"，25 nm 以下的样品选择"Protein"。"Wavelength"软件自动识别，不能修改。如果样品在该波长处有吸收，则不适合测量。对于"Cell Type"的设置，水溶性样品选择普通塑料样品池（BI-SCP），有机样品溶液选择普通石英玻璃样品池（BI-SCG0），其他样品池不常用。

② 在"Measurement"设置中，温度根据实验要求设定，设置范围在 －5～110 ℃；常规样品的单次测量时间为 2～3 min，弱散射体系样品的单次测量时间为 5～10 min；平衡时间设置为 10 min；总测量次数推荐 5 次；时间间隔设置为 0，表示连续测量。

③ 在"Sample Parameters"设置中，溶剂种类根据实际测试选择，若选择"Unspecified"，则需要手动输入该溶剂在设定稳定下的黏度和折光率。

④ 在"Data Analysis"设置中，"Baselining Normalization"设置为"Auto（Slope Analysis）"；粒径分布选择"NNLS（紧凑多峰）"或者"CONTIN（宽且连续）"；勾选"Display Molecular Weight Calculation Results"选择框，在测量结果中显示分子量。

（5）点击底部"Load"按钮，导入 SOP 设置，点击"OK"按钮，完成参数设置。

（6）在测量界面点击"Start"按钮，开始测量。在测量过程中弹出对话框，不要点击"bypass"。

（7）数据分析。在界面左侧显示测量结果，"Effective Diameter"为体系内所有颗粒粒径的均值，又叫作有效粒径/等效粒径；"Polydispersity"称为多分散指数（PDI），用于表征样品分布宽度，(PDI＜0.02 是单分散体系，PDI 为 0.02～0.08 是窄分布体系，PDI＞0.08 是宽分布体系)；"Avg. Count Rate"为平均样品散射信号计数率，常规样品在 500 kcps 左右，若该值在 50～100 kcps，修改测量时间至 10 min 后再测量，若该值低于 50 kcps，在排除样品对激光吸收的情况下，可以提高样品浓度再测量；"Baseline Index"为基线指数，对样品测量结果评分，满分 10 分，当评分大于等于 5 分时，实验结果才可信；"Data Retention"为数据保留率，要求数据大于等于 95%；"Raw Data"的相关函数图像要求平滑地下降且走平。

（8）存储原始数据。点击"Measurements"按钮，在下方"Type"下拉框内选择"DLS"，点击右侧的"更新"按钮，刷新测量列表。选择需要保存的实验数据，然后点击"File"，下拉选择"Save Archive File"，弹出对话框，选择在电脑上的存储位置，命名文件,点击"保存"。

(9) 取出样品槽内的样品池,依次关闭软件、仪器电源和电脑。

注意事项：

粒度分布测量过程中所说的粒径并非颗粒的真实直径,而是虚拟的"等效直径"。测量前需了解仪器粒度测量范围(0.3 nm～15 μm),仪器量程中的中段精度最高。样品是澄清透明的悬浮液,测量前需要对待测样品进行适当的分析和处理,包括样品的粒度范围、分散剂种类和用量、样品前处理等。样品浓度一般为 mg/mL 级别或者浓度体积比小于等于 0.5%,粒径越小,颗粒分散性越好,可配置的样品浓度越大,甚至浓度体积比可达 40%。分子量测定范围为 342～2×10^7 Dalton,溶液 pH 范围为 1～14,仪器温度控制范围为 −5～110 ℃,±0.1 ℃。"Avg. Count Rate"平均样品散射信号计数率控制在 100～500 kcps 最佳。

样品的分散问题是影响获得准确粒度数据的重要因素。样品不能均匀分散在介质中,团聚或者溶解于介质,均会导致测量结果产生比较大的偏差。应依据颗粒的性质,选择合适的分散介质,分散介质要求无毒害、无腐蚀性和纯度高。如果分散介质含有杂质颗粒,在激光照射下会产生弱散射光,这些噪声信号会影响测量结果的准确性。常用的分散介质有水、乙醇和甘油等。

适量加入分散剂。常用的分散剂有正磷酸钠、焦磷酸钠、多偏磷酸钠、六偏磷酸钠、酒石酸钠、柠檬酸钾、碳酸钾、氯化钾等,加入后有助于水合作用,能使颗粒保持良好的分散状态。可使用超声分散、摇动、搅拌和研磨等分散技术。

【Zeta 电位测定】

(1) 确认仪器后方的 USB 数据线与电脑接口连接,打开位于仪器后右侧的开关和电脑的电源开关,双击电脑桌面"BIC Particle Solutions"图标,软件开始初始化并进入仪器工作站界面,预热 20 min 后开始测量。

(2) 在"New Measurements"区域,点击最右侧的下拉箭头,在下拉框内选择"PALS Zeta Potential Measurement"进行 Zeta 电位测量,点击左侧的按钮"New",弹出测量窗口。

(3) 将制备好的样品(样品量约 1.3 mL)装入样品池,插入干净的电极,样品液完全浸没电极,电极板间无气泡,擦干样品池表面,连接电极线,再将样品池放入仪器的样品槽内,电极接口方向向右。

(4) 点击"SOP"按钮,在弹出的对话框中进行参数设置:样品信息录入,选择合适的样品池和电极类型;"Temperature"温度设置范围为 −5～110 ℃,一般选用默认值 25 ℃;"Cycles"单次测量的循环次数一般为 15～20 次;"Time Dependent"设置中"Measurements"测量次数为 3,单次测量之间的时间间隔为 0 s,勾选"接受测量结果名称按照次数自动编号"；根据实验需要选择是否使用自动变温；在"Liquid"设置中选择溶剂类型，当选择"Unspecified"未知液时，可输入 Viscosity、Ref. Index 和 Dielectric Constant 值，黏度(viscosity)可以查文献获得，折光指数(refractive index)可由阿贝折射仪测得，介电常数(dielectric constant)可由介电常数仪测得；"Particle"——颗粒常数不需要设置；"Model"——数据分析模式设置有三种选择，"Smoluchowski"模式适用于高盐及大颗粒体系，"Huchel"模式适用于低盐、非极性溶剂及小颗粒体系，"Henry"模式适用于高盐、小颗粒、单价离子的蛋白。

(5) 点击"OK"按钮，完成参数设置。

(6) 点击"Start"按钮开始测量。在测量过程中弹出对话框，不要点击"bypass"。

(7) 测量结束，关闭测量窗口。在数据列表区域选择测量行，右侧窗口会显示 PALS 报告、PALS 图像、PALS 二维图像、小结，输出形式为 PDF 或 XLS 或 CSV。

(8) 拷贝数据。点击"Measurements"按钮，在下方"Type"下拉框内选择"PALS"，点击右侧的"更新"按钮，刷新测量列表。在测量结果列表区域内选择需要拷贝的数据，点击"File"，下拉选择"Save Archive File"，弹出对话框，选择在电脑上的存储位置，命名文件名，点击"保存"。

(9) 从样品槽中取出电极及样品池，换下一个样品前，钯电极和样品池先用去离子水冲洗，再用待测样品冲洗，然后加入待测样品测试。实验结束时将钯电极用仪器附带的磨砂纸擦拭、去离子水冲洗干净后，再用擦镜纸拭干套在干燥的比色皿中保存。

(10) 依次关闭软件、仪器电源和电脑。

注意事项：

样品的电导值(conductance)的测试范围为 0~30 s/m，换算成 μs 单位的测试范围为 0~260 000 μs，电导值过高时进行 Zeta 电位测试会对仪器主板造成破坏。测试人员需要认真对待仪器弹出的任何提示框。当测试窗口出现"Either reference signal too high or sample signal too low"，解决办法可能是提高样品的浓度，但当电导值已经接近仪器规定上限时，该样品无法用此仪器测量。

电极由电极接口、电极极板和电极体组成，电极接口为 6 线水晶接头，内有 6 根针脚；电极极板是金属纯钯组成的阴阳两极；电极体根据电极的型号，分为 2 类。SR 型电极为耐腐蚀电极，电极体材料为聚四氟乙烯(PTFE)，AQ 型电极为水相电极，电极体材料为聚甲基丙烯酸甲酯(PMMA)。

待测溶液配制完成后需放置一段时间再进行 Zeta 电位测试。将待测溶液加至比色皿 1/3 高度(1.5 mL)处，钯电极插入溶液中，确保样品溶液充分浸润电极极板，电极板间需要充满样品溶液且无气泡。将电极的接口与连接线的水晶头连接，确保电极接口朝向右侧，拿稳钯电极上端和比色皿下端，不要让两者脱离，将电极及比色皿一同放入样品槽内,关上仪器外盖。

【日常维护】

仪器应置于清洁、干燥、室内温度稳定的环境中,避免强烈的电子噪声和机械振动,在实验室仪器附近禁止使用手机、按压桌面和喧哗。仪器连续运行 4 h 后,需要关机 2 h 使仪器充分冷却后,再按照开机流程测试,否则影响仪器寿命。

粒度测定:实验前应确保样品槽内无液体、灰尘及杂物等。测量非水相样品时请使用耐腐蚀的石英样品池,样品放入样品池后需要在仪器中稳定 5 min 左右。实验后应及时清理样品槽,还原所使用附件,样品池冲洗后可重复利用。做粒径测试时不能同时测试 Zeta 电位。

Zeta 电位测定:检查电极极板表面是否发黑,未发黑则用去离子水冲洗;如果电极极板表面发黑,则用电极刷清洗。使用电极刷清洗电极时,电极刷的头部覆盖有一层黑色的橡胶,把水砂纸的光滑面贴在橡胶上,水砂纸的粗糙面用于清洗钯电极极板。先用纸巾吸干电极极板,然后从极板间隙处插入电极刷,用电极刷轻轻地擦拭极板,清洁干净后用去离子水清洗。建议使用 5 000 目以上的水砂纸。

10.13 蔡司 Sigma 300 场发射扫描电镜操作规程及日常维护

【开机】

依次启动不间断(UPS)电源、循环冷却水机、泵,确认电镜主机后两个电源开关为"On"状态,仪器前面板三个按钮中红键亮。等待 10 s 后按下黄键,前级真空泵进入工作状态,分子泵、潘宁计和离子泵自动顺序启动。等待数分钟,按下绿键后,电脑会自动启动,输入计算机密码。启动 Smart SME 软件,检查真空值,点击"Pump",仪器抽真空。当系统真空(System Vacuum)$<2\times10^{-5}$ mbar(2×10^{-3} Pa)时,会自动打开柱隔离阀门(column isolation valve,CIV),并启动离子泵;当电子枪真空值(Gun Vacuum)$\leqslant 5\times10^{-9}$ mbar(5×10^{-7} Pa)时,点击"Gun on"启动灯丝。点击探测器 A "Signal A",选择"USB TV1"探头模式,检查样品台位置。若长期停机,需做烘烤。

【烘烤操作】

确认高压(extra high tension,EHT)和灯丝关闭。打开监控软件 Gun Monitor,设置监控 Gun Vacuum 和 System Vacuum 参数,时间间隔 1 s。点击菜单栏"Tools"—"go to panel"—"bakeout",打开 Bakeout 界面,加热时间设为 8~20 h,冷

却时间设为 2 h，开始烘烤。烘烤完成后检查枪真空值，一般小于 1×10^{-9} mBar（1×10^{-7} Pa）。关闭 Gun Monitor。

【样品扫描】

戴上无尘手套把样品用碳胶或银胶粘在样品台上，确认样品不会脱落，并用氮气或洗耳球把未粘牢的样品吹走，记录样品位置和名称。打开氮气阀门，调节减压阀压力为 0.03 MPa，点击"Vent"放气，等待 3 min 左右。打开舱门，正确安装样品座，关闭舱门。关闭氮气阀门，点击"Pump"抽真空，等待真空就绪。

(1) 扫描样品

移动样品台，升至工作距离在 5~10 mm 处，平移对准样品。根据检测要求和样品特性，设定加速电压。选择 Inlens 或 SE2 探头观察样品，定位观察区。首先将放大倍数调至最小，聚焦并调节亮度和对比度（Tab 键可设置粗调 Coarse 或细调 Fine）。读取工作距离（working distance，WD）数值，必要时升降样品台，Inlens 的最佳工作距离为 2 mm 左右，SE2 的最佳工作距离为 5 mm 左右。移动样品台 X、Y，或使用 Centre Point（Ctrl+Tab）键定位，聚焦，放大，再聚焦，定位。必要时，调节光阑对中，按"Wobble"键，调 Aperture X 和 Y，消除图像摆动，完成后取消 Wobble。选区扫描，依次调节 Stigmation X、Y 和聚焦消像散，直到图像最清晰。

(2) 成像

进一步放大并继续聚焦和消像散，调节亮度和对比度。用"Beam shift"或"Ctrl+Tab"定位成像位置，点击"Mag"设置所需放大倍数、扫描速度和 N 值，确认 Freeze on=end frame；点击"Freeze"，等待扫描完成。

(3) 储存图片

点击鼠标中键或右键，弹出快捷菜单"Send to"，选择 Tiff file；设置文件夹，取文件名，设置文件后缀，点击"Save"。存储结束后，点击"unfreeze"，继续选择成像位置，重复成像和储存操作。

【待机状态】

关闭高压（EHT）→分两步关闭 Smart SEM 软件，先关用户界面 User Interface，后关后台程序 EM Server→关闭 Windows，必要时关闭能谱、电子背散射衍射（electron back scatter diffraction，EBSD）→按下黄键，此时电子光学系统、样品台及检测系统电源关闭。电镜真空系统和灯丝继续工作。

【待机状态启动】

按下绿键，电脑会自动启动，输入计算机密码。启动 Smart SEM 软件，检查真空值,然后根据开机步骤换样或加高压观察样品。

【关机】

依次关闭 EHT、灯丝。分两步关闭 Smart SME 软件:先关用户界面 User Interface,后关后台程序 EM Server。关闭 Window,关闭能谱、EBSD。按下黄键,等待电子光学系统、样品台及检测系统电源关闭,此过程约 1 min,然后再按下红键。关闭循环冷却水机、泵、氮气总阀门、UPS。墙上空气开关不动,以免房间空调和抽湿机停止工作。

【日常维护】

电镜室内的环境应清洁无灰尘,无腐蚀性气体,室内温度应控制在 17~25 ℃,相对湿度应小于 65%。仪器应放在减震工作台上,附近应无强电磁场干扰源,电源应接地良好,配备合适功率的稳压电源。仪器日常不关机(除换样品台外),长期保持系统真空状态。每日测试完后,关闭高压,放压,把样品座移出样品仓,抽真空。日常使用时应经常检查电镜室真空值,保证 System Vacuum$<2\times10^{-5}$ mbar(2×10^{-3} Pa),电子枪真空值 Gun Vacuum$<5\times10^{-9}$ mbar(5×10^{-7} Pa)。清理样品仓内和样品台,若有异物,可用无尘布擦拭,注意勿碰触探测器。样品台的安装需要注意方向,箭头对准台阶。若发现样品台导航器或坐标值不准确,可做样品台初始化。每日检查氮气钢瓶压力。定期检查循环冷却水机、泵、电脑磁盘容量。

除放长假或长时间停电导致 UPS 电量不够用须断电外,仪器的灯丝不要关闭,严禁擅自点击"Shutdown Gun",严禁擅自更改"Fil l"和"Extractor V"处的数值。应每天保存一次 Gun Monitor 数据,万一仪器出现故障方便工程师上门检查日志。灯丝的使用寿命为 15 000 h,可通过"View"—"SEM Status"—"Filament Age",查看灯丝已经使用的时间,也可以通过观测"Ext l Monitor"电流值,确定灯丝情况(新灯丝电流值在 190 μA 左右,随着灯丝的使用,该值慢慢增加,当达到 400 μA 时,尽快联系厂家更换灯丝)。

10.14 Bruker Advance Ⅲ (400 MHz)核磁共振波谱仪操作规程及日常维护

【仪器组成】

仪器由磁体、探头、机柜、自动进样系统、气体系统和计算机系统组成,各个部分相互连接(在非特殊情况下不得关机)。

【开机】

打开电脑,输入密码;待电脑系统稳定后,打开机柜;打开自动进样器;打开压缩机(等待自动进样器上显示为绿灯,才可打开压缩机);打开 topspin 软件;命令栏输入"cf",做开机初始化;输入"edhead",用于定义当前正在使用的探头;打开一个曾经测试过的样品,命令栏输入"ii",可将当前的实验参数设置到硬件系统内;输入"atma",计算机屏幕上会自动显示各个通道自动调谐的全过程。通常该指令结束后,探头调谐即达到最佳匹配状态。

【基础匀场】

使用 90% H_2O + 10% D_2O 作为标样,操作方法如下:

(1) 再进行一次初始化,完成之后打开一个做过的氢谱。

(2) 命令栏输入"edc"建立实验数据集[Name:样品名称;ProNo:自然数;Experiment:选择 PROTON(H 谱);Title:实验名称等备注]。

(3) 输入"ased"建立实验参数。

(4) 输入"getprosol"。

(5) 进样,输入"sx[几号样]"(如 sx 7)。

(6) 输入"lock",进行锁场,选择溶剂(90% H_2O + 10% D_2O)。

(7) 输入"atma",进行自动调谐。

(8) 匀场,输入"topshim 3D"。

(9) 匀场,输入"topshim 1D"。

(10) 保存匀场文件:如 wsh 20211120_3D(根据做匀场的日期来改变)或者 wsh icon(保存文件到 icon)。

(11) 取出样品,输入"sx ej"。

【样品的测试】

(1) 将准备好的样品放入自动进样器中。

(2) 打开 Icon NMR(或命令栏中输入"Icon",点击"Automation",点击"OK")。

(3) 在 Icon NMR 对应的自动进样器序号上双击编号。Name:样品名;No:试验编号;Sokvent:所用氘代试剂;Ns:采样次数(H 谱默认 16 次,C 谱默认 1 024 次);Title:实验名称等。若对应编号上已有完成的任务,可先对其进行删除然后再编写,编写完毕后即可进行 Submit(此时若有错误等还可以进行修改,步骤为 Cancel→Edit→Submit)。

(4) 采样,点击"Start",点击"OK",样品即吹入磁体内进行检测,采样结束后自动吹出磁体。

(5) 数据处理,可在数据共享的电脑上,打开 MestReNov 软件对结果进行处理(注意,主机上不能插 U 盘,可在数据共享的电脑上拷贝所需数据)。

(6) 若发现图谱裂分异常,需重新基础匀场。

【关机】

(1) 若样品未取出,须先取出磁体内样品。(2) 退出 topspin 软件。(3) 关闭电脑。(4) 关闭自动进样器。(5) 关闭机柜。(6) 关闭压缩机。

【注意事项】

(1) ^1H NMR 所需样品量大概为 10 mg 左右,^{13}C NMR 所需样品量最好大于 20 mg。

(2) 样品所需溶剂量为 0.6 mL,大概在核磁管中的高度为 4 cm 左右。

(3) 样品中不能含有顺磁性物质,且溶解性应良好。

【日常维护】

仪器应定期添加液氮,每月做一次重水匀场,每半年添加液氦,定期更换机柜滤网。样品测试前需确保压缩机开启。

10.15 耐驰 DSC214 差示扫描量热仪操作规程及日常维护

【仪器开机】

先确认测量所使用的吹扫气(N_2)情况,并调节好压力、流量,保护气体流速恒定为 60 mL/min,吹扫气体流速一般情况下为 40 mL/min,开机后,保护气体开关应始终为打开状态;开启 DSC214 主机与计算机电源,预热 30 min 后,进入 Proteus 软件开始测量准备;开启 Setpoint。

【样品制备】

选择合适类型的坩埚,将空坩埚放在十万分之一分析天平上称重,清零,随后将待测样品加入坩埚中,称取 10 mg 样品。

【样品测定】

"新建"测量文件,选择样品测量模式,按照相应的步骤提示填写详细的样品信息,温度区间为25～250 ℃,升温速率为10 ℃/min,开始测量;测量结束后不要关闭主机电源与气体,待炉体自然冷却到室温后,取出坩埚。

【数据分析】

打开差示扫描量热法(DSC)分析软件,选择菜单栏里的"分析",然后选择"玻璃化转变温度",或直接选择工具栏里的"玻璃化转变温度",选择DSC曲线的玻璃化转变温度区间,单击"确定",记录玻璃化转变温度。选择菜单栏里的"分析",然后选择"熔融温度",选择DSC曲线的熔融温度区间,单击"确定",记录熔融温度。选择菜单栏里的"分析",然后选择"熔融焓",选择DSC曲线的熔融温度区间,单击"确定",记录熔融焓。

【关机】

在测试软件中,选择"测量"菜单里的"结束等待状态",点击"停止Setpoint",DSC仪器加热灯熄灭后关闭软件,退出操作系统,关闭电脑主机、显示器,关闭DSC主机。

【注意事项】

(1) 炉子是DSC的核心部件,对于未知样品应先使用热重分析议(thermal gravimetric analyzer, TGA)确定其分解温度,并在DSC测试中确保最高温度低于样品分解温度,以避免炉子污染。

(2) 清洗炉子。在室温下先用洗耳球吹扫,然后用棉签蘸酒精轻轻擦拭样品池内壁,严禁用硬物触及炉子底部,以免损坏内部的加热装置和温度传感器;若清洗不掉,请及时通知实验室老师,由仪器管理员做进一步处理。

(3) 应经常性地检查气路和气压是否正常;样品及其产物应不腐蚀坩埚(确定样品在高、低温下无强氧化性、还原性);装样时应用量适当(10 mg左右),保证坩埚外部的清洁与平整,样品平铺在坩埚底部即可。

(4) 机械制冷升降温全程必须使用通气保护,应设置结束等待20 min以消除冷惯性或稍高温停止运行;每天最后一个样品的测试应注意,在结束等待的第二段,取消机械制冷,等待时间设为20 min。

参考文献

[1] 田林,李昭. 仪器分析实验[M]. 北京:化工教育出版社,2024.

[2] 田宏哲,李修伟,秦培文. 仪器分析实验教程[M]. 北京:化学工业出版社:2024.

[3] 庄会荣,韩婧,王爱香. 仪器分析实验[M]. 北京:化工教育出版社,2022.

[4] 朱鹏飞,段明. 仪器分析实验[M]. 北京:化学工业出版社:2020.

[5] 陈国松,张长丽. 仪器分析实验[M]. 3版. 南京:南京大学出版社,2019.

[6] 卢亚玲,汪河滨. 仪器分析实验[M]. 北京:化学工业出版社,2019.

[7] 张景萍,尚庆坤. 仪器分析实验[M]. 北京:科学出版社,2017.

[8] 胡坪. 仪器分析实验[M]. 3版. 北京:高等教育出版社,2016.

[9] 翁诗甫,徐怡庄. 傅里叶变换红外光谱分析[M]. 3版. 北京:化学工业出版社,2016.

[10] 孙素琴,周群,陈建波. ATC 009 红外光谱分析技术[M]. 北京:中国标准出版社,2013.

[11] 李发美. 分析化学[M]. 6版. 北京:人民卫生出版社,2007.

[12] 章平平,肖东,周视玉,等. 面向现代产业人才培养的仪器分析实验教学体系改革研究与创新实践[J]. 大学化学,2025,42(4):232-238.

[13] 徐一凤,吴泽颖,商贵芹,等. 产教深融背景下仪器分析与实验课程的教学改革与实践[J]. 大学化学,2025,40(3):285-290.

[14] 陈翠红,崔玉晓,王雁南,等. 新工科背景下现代仪器分析实验课程改革与实践[J]. 实验室科学,2025,28(1):212-215.

[15] 邓羽蓉,杨嘉慧,张金懿,等. "课程思政"与"模块化"仪器分析实验的融合——以教学微等离子体原子发射光谱仪的自搭建及应用为例[J]. 大学化学,2025,40(2):76-81.

[16] 胡仲禹,范丛斌,丁海新,等. 基于BOPPPS教学模式的《仪器分析实验》混合式教学探索与实践[J]. 当代化工研究,2024(11):143-145.

[17] 白青鸿.仪器分析实验教学中存在的问题及改革探索[J].天津化工,2024,38(3):154-156.

[18] 李璟明,丁博文,李楠,等.比较教学法在仪器分析实验项目设计中的应用——以色谱实验教学为例[J].大学化学,2024,39(8):263-269.

[19] 李琰,丁飞,王京,等.授人以鱼和渔:仪器分析实验自主设计实验及思政元素融入[J].大学化学,2024,39(2):208-213.

[20] 曾尊祥,胡玉玲,胡玉斐,等.超临界CO_2萃取-气相色谱-质谱分析植物精油成分——仪器分析综合实验教学改革[J].大学化学,2024,39(3):274-282.

[21] 张卓旻,黄韩冰,林亮秋,等.仪器分析实验课程建设:表面增强拉曼光谱快速分析食用色素[J].大学化学,2024,39(2):133-139.

[22] 王京,李琰,南晶,等.多元混合式教学在仪器分析实验课程中的实践[J].大学化学,2024,39(1):7-14.

[23] 王雁南,陈翠红,丛培芳,等.基于SPOC的混合式教学模式在仪器分析实验课程中的应用[J].中国现代教育装备,2023(23):9-11.

[24] 罗盛旭,范春蕾,刘用,等."仪器分析实验"教学中强化学生专业素质的培养[J].教育教学论坛,2023(46):177-180.

[25] 杨晓霞.高校化学仪器分析实验教学改革与学生能力培养研究[J].化工设计通讯,2023,49(10):136-138,142.

[26] 陈红云,李国然.开放式PBL教学法的仪器分析实验教学改革[J].实验室科学,2023,26(5):99-104.

[27] 王灿,袁瑞娟,黄建梅.交互式综合实验设计融入"仪器分析实验"的教学实践[J].教育教学论坛,2023(35):137-140.

[28] 张煜,付红岩,姚常浩.现代仪器分析课程理论和实验教学的改革思路分析[J].大学,2023(20):167-170.

[29] 李家旭,刘洋,欧明,等.OBE理念下仪器分析实验课程教学设计[J].广州化工,2023,51(9):195-197.

[30] 李伟红,雷杰.本科化学类专业化学实验教材中的分析仪器[J].大学化学,2023,38(6):82-86.

[31] 高敏莉,何博锐,董佳欣,等."自主设计实验"教学模式在仪器分析实验中的应用——ICP-OES检测茶水中的金属含量[J].大学化学,2023,38(10):235-242.

[32] 潘建章,张梦婷,张箫扬,等.开放式仪器分析教学实验设计——基于LEGO积木的模块化激光诱导荧光检测系统的构建[J].大学化学,2023,38(4):291-299.